创意服装设计系列

丛书主编 李正

男装设计

胡晓 孙欣晔 徐文洁 李正 编著

化学工业出版社
·北京·

内容简介

本书首先讲述了男装服饰的发展历史及传承演变、现代男装产业发展，然后从男装设计的原则与方法、单品设计展开，详细讲述了男装及其服饰品设计的要素，如装饰设计、造型元素的分析与运用、系列化设计、创意设计等。本书秉承当下美育发展的新时代精神，着重于男装设计艺术理论与实践需求的对接，在突出理论知识的同时，辅以国内外知名品牌设计案例的详细解读，使读者能直观明了地理解、掌握男装设计的理论知识体系，并能举一反三地应用于设计工作中。

全书图文并茂，不仅可以作为服装专业方向的教学用书，而且可以帮助服装设计师全面了解男装设计，对服装设计师设计工作的开展与设计能力的提升大有裨益。

图书在版编目（CIP）数据

男装设计 / 胡晓等编著．—北京：化学工业出版社，2023.1

（创意服装设计系列 / 李正主编）

ISBN 978-7-122-42509-6

Ⅰ．①男…　Ⅱ．①胡…　Ⅲ．①男服－服装设计　Ⅳ．①TS941.718

中国版本图书馆 CIP 数据核字（2022）第 208171 号

责任编辑：徐　娟　　文字编辑：张　龙　　封面设计：刘丽华

责任校对：王　静　　装帧设计：中图智业

出版发行：化学工业出版社（北京市东城区青年湖南街 13 号　邮政编码 100011）

印　　装：北京宝隆世纪印刷有限公司

787mm×1092mm　1/16　印张 11　字数 225 千字　2023 年 3 月北京第 1 版第 1 次印刷

购书咨询：010-64518888　　售后服务：010-64518899

网　　址：http://www.cip.com.cn

凡购买本书，如有缺损质量问题，本社销售中心负责调换。

定　　价：68.00 元

序

服装艺术属于大众艺术，我们每个人都可以是服装设计师，至少是自己的服饰搭配设计师。但是，一旦服装艺术作为专业教学，就一定需要具有专业的系统性理论以及教学特有的专业性。在专业教学中，教学的科学性和规范性是所有专业教学都应该追求和不断完善的。

笔者从事服装专业教学工作已有 30 多年，一直以来都在思考服装艺术高等教育教学究竟应该如何规范、教师在教学中应遵循哪些教学的基本原则，如何施教才能最大限度地挖掘学生的潜在智能，从而培养出优秀的专业人才。因此我在组织和编写本丛书时，主要是基于以下基本原则进行的。

一、兴趣教学原则

学生的学习兴趣和对专业的热衷是顺利完成学业的前提，因为个人兴趣是促成事情成功的内因。培养和提高学生的专业兴趣是服装艺术教学中不可或缺的最重要的原则之一。要培养和提高学生的学习兴趣和对专业的热衷，就要改变传统的教学模式以及教学观念，让教学在客观上保持与历史发展同步乃至超前，否则我们将追赶不上历史巨变的脚步。

意识先于行动并指导行动。本丛书强化了以兴趣教学为原则的理念，有机地将知识性、趣味性、专业性结合起来，使学生在轻松愉快的氛围中不仅能全面掌握专业知识，同时还能了解学习相关学科的知识内容，从根本上培养和提高学生对专业的学习兴趣，使学生由衷地热爱服装艺术专业，最终一定会大大提高学生的学习效率。

二、创新教学原则

服装设计课程的重点是培养学生的设计创新能力。艺术设计的根本在于创新，创新需要灵感，而灵感又源于生活。如何培养学生的设计创造力是教师一定要研究的专业教学问题。

设计的创造性是衡量设计师最主要的指标，无创造性的服装设计者不能称其为设计师，只能称之为重复劳动者或者是服装技师。要培养一名服装技师并不太难，而要培养一名服装艺术设计师相对来说难度要大很多。本丛书编写的目的是培养具备综合专业素质的服装设计师，使学生不仅掌握设计表现手法和专业技能，更重要的是具备创新的设计理念和时代审美水准。此外，本丛书还特别注重培养学生独立思考问题的能力，培养学生的哲学思维和抽象思维能力。

三、实用教学原则

服装艺术本身与服装艺术教学都应强调其实用性。实用是服装设计的基本原则，也是服装设计的第一原则。本丛书在编写时从实际出发，强化实践教学以增强服装教学的实用性，力求避免纸上谈兵、闭门造车。另外，我认为应将学生参加国内外服装设计与服装技能大赛纳入专业教学计划，因为学生参加服装大赛有着特别的意义，在形式上它是实用性教学，在具体内容方面它对学生的创造力和综合分析问题的能力有一定的要求，还能激发学生的上进心、求知欲，使其能学到在教室里学不到的东西，有助于开阔思路、拓宽视野、挖掘潜力。以上教学手段不仅能强调教学的实用性，而且在客观上也能使教学具有实践性，而实践性教学又正是服装艺术教学中不可缺少的重要环节。

四、提升学生审美的教学原则

重视服饰艺术审美教育，提高学生的艺术修养是服装艺术教学应该重视的基本教学原则。黑格尔说：审美是需要艺术修养的。他强调了审美的教育功能，认为美学具有高层次的含义。服装设计最终反映了设计师对美的一种追求、对于美的理解，反映了设计师的综合艺术素养。

艺术审美教育，除了直接的教育外往往还离不开潜移默化的熏陶。但是，学生在大的艺术环境内非常需要教师的“点化”和必要的引导，否则学生很容易曲解艺术和美的本质。因此，审美教育的意义很大。本丛书在编写时重视审美教育和对学生艺术品位的培养，使学生从不同艺术门类中得到启发和感受，对于提高学生的审美力有着极其重要的作用。

五、科学性原则

科学性是一种正确性、严谨性，它不仅要具有符合规律和逻辑的性质，还具有准确性和高效性。如何实现服装设计教学的科学性是摆在每位专业教师面前的现实问题。本丛书从实际出发，充分运用各种教学手段和现代高科技手段，从而高效地培养出优秀的高等服装艺术专业人才。

服装艺术教学要具有系统性和连续性。本丛书的编写按照必要的步骤循序渐进，既全面系统又有重点地进行科学的安排，这种系统性和连续性也是科学性的体现。

人类社会已经进入物联网智能化时代、高科技突飞猛进的时代，如今服装艺术专业要培养的是高等服装艺术专业复合型人才。所以服装艺术教育要拓展横向空间，使学生做好充分的准备去面向未来、迎接新的时代挑战。这也要求教师不仅要有扎实的专业知识，同时还必须具备专业之外的其他相关学科的知识。本丛书把培养服装艺术专业复合型人才作为宗旨，这也是每位专业教师不可推卸的职责。

我和我的团队将这些对于服装学科教学的思考和原则贯彻到了本丛书的编写中。参加本丛书编写的作者有李正、吴艳、杨妍、王钠、杨希楠、罗婧予、王财富、岳满、韩雅坤、于舒凡、胡晓、孙欣晔、徐文洁、张婕、李晓宇、吴晨露、唐甜甜、杨晓月等18位，他们大多是我国高校服装设计专业教师，都有着丰富的高校教学经验与著书经历。

为了更好地提升服装学科的教学品质，苏州大学艺术学院一直以来都与化学工业出版社保持着密切的联系与学术上的沟通。本丛书的出版也是苏州大学艺术学院的一个教学科研成果，在此感谢苏州大学教务部的支持，感谢化学工业出版社的鼎力支持，感谢苏州大学艺术学院领导的大力支持。

在本丛书的撰写中杨妍老师一直负责与出版社的联络与沟通，并负责本丛书的组织工作与书稿的部分校稿工作。在此特别感谢杨妍老师在本次出版工作中的认真、负责与全身心的投入。

李正　于苏州大学

2022年5月8日

前　言

在人类社会生活中围绕衣、食、住、行等方面所进行一系列的生产制造、改造及发明等活动，既是满足人们的基本物质需求，亦是满足人们的精神需求，在不同时期两者之间的重要程度有所区别，有时呈现单边上扬，有时呈现并驾齐驱的态势交错发展着。随着时代的发展，尤其是在社会生产力有了较高发展的今天，伴随社会经济的发展、人们生活水平的提高以及科学技术的日益更新，在基本物质需求得到满足之后的精神需求变得愈发迫切和重要。就男性的服装需求而言，虽然在不同时期男性的社会角色与地位不同，以及受经济水平、政治环境、战争、生产技术、流行趋势、社会审美、季候特征、文化理念、民俗民风的影响，消费者对男装的审美标准有所不同，但是总体上呈现朝多元化、个性化、多样化、高档化、舒适化的方向发展。

本书针对高等院校服装专业的学生编写，结合当今男装市场的设计需求，使教学与社会、职业相连接，注重学生实际能力的训练，以缩短高校学生与企业的磨合期，更好地为国内服装行业的发展所服务。本书系统介绍了各种男装产生的历史背景及其沿革与演变，深入分析了现代社会男性的着装心理与着装追求。重点介绍了男装设计分类、男装设计原则与方法、男装单品设计、男装服饰品搭配设计、系列化男装设计、男装设计案例分析。服装设计最重要的目的是创造价值、获取利润，从艺术到市场对于每个设计师都是一种转变的过程，只有贴近市场又有鲜明个性的设计才会赢得效益。本书中对现代男性着装需求做了系统的分析，现代男性更注重个性与自我表达，追求的是一种能反抗压抑环境又不失成熟的着装，围绕这一理念去设计男装就能紧跟形势，同时通过设计师为消费者合理选择服装提供感性与理性的指导。

本书由胡晓、孙欣晔、徐文洁、李正编著。为提升本书的专业水准，在撰写过程中团队成员进行了广泛的市场调研，先后召开数次编写会议。但由于时间比较仓促，不足之处在所难免，请有关专家、学者提出宝贵意见，以便修改。

编著者

2022 年 10 月

目 录

第一章
导　论

顾名思义，男装就是男子穿着的服装，包括用于男子的一切装饰之物，其外延可以扩展至起到保护和装饰身体作用的男式服装及配饰品。男装是服装行业的重要组成部分，在内容与形式上有很多区别于女装的特征。从整个行业角度来说，男装在企业规模、生产技术、营销方式、品牌运作等方面均与女装有明显的区别；从产品设计角度来看，男装在设计的思维、方法、原则、表现、材料、题材、品类等方面也与女装有所不同，值得进行专门的学习和研究。随着人们对自身衣着形象要求的不断提高，服装行业也逐渐走向成熟，男装与女装出现了一些新的动向，在各自的共性与个性上分别出现了扩大或缩小某种差异的趋向。

第一节　男装设计概述

服装作为一种文化贯穿于人类发展的各个时代，不同的文化与社会形态必然造就不同的服饰文化并形成相应的服装文化。服装的发展具有继承性，虽然现代服装与过去几千年的服装有着天壤之别，但是如果对每一历史阶段中的服装严格进行分析，就不难发现服装中出现的某些变化，新式样总是在继承前代的基础上形成的，并且新变化的部分总是小于沿袭继承的部分。各国服装在形制的细节与颜色上等都含有丰富的象征意义。任何事物都不可能孤立发展，服装也不例外。如中国服饰，其蕴涵了丰富的历史文化沉淀，就像是一本书，可以慢慢品、细细读，而远非一种单纯的视觉艺术，它是神秘东方文化的杰出代表。而西方服装文化则追求以自然为法则。西方强调主观世界和客观世界的分离，明确提出主观为我，客观为物，致使西方人用理性观察世界和探索规律，形成一种追求自然法则以获得真理的传统，因而表现出一种理性或科学的态度看待服装，在服装与环境的统一中更强调与自然的协调，重视自然科学的认识，服装的发展历程充满了对真的把握，研究服装的客观规律，认识服装的本质特征。在服装的造型意识上，西方服装的造型观念，带来了服装的变异性、丰富性、复杂性与创新性，着装样式根据时代的不同而变化。随着社会的发展，这种变化表现出周期逐渐缩短，频率逐渐加快的特点，导致人们追求时尚与流行和服装设计师的出现。而流行现象又进一步促进服装发生变化，这种不断的变化又使设计行为带来服装多样性的创造。可喜的是，在当今国际服装的舞台上，各国设计师在运用服装构成的法则上，都增加了许多不同以往的服装造型意识，使服装以抽象的形式美追求外在造型的视觉舒适性。社会的发展激发了服装设计师对纯粹的形状、色彩、质感等形式因素有特殊的创造敏感。服装在其发展历程中采用自由与对立的设计表现手法，呈现出非对称性与不协调的风格。不仅如此，服装的发展变化还常带有重复性，一些经典样式、一些作为服装重要特征的基本元素时常会在不同的历史阶段周而复始地出现。因此，学习服装的历史发展是十分有必要的，其目的不仅是为了知道过去的服装样式，更是为了发现和掌握服装变化的一般规律，为今天的设计寻找到更多的灵感和方法，并为对未来的服装流行趋势进行预测作铺垫。本章将对男装的发展历史做扼要的回顾，尤其是对近现代的男装变迁进行重点讲述，因为对于服装设计师来讲，较近的历史会显得更加重要。

近年来，我国男装业也表现出强劲的发展势头，成为服装行业中经营发展增幅最大的门类之一。男装市场风起云涌，市场的需求也在发生着巨大的变化。国内男装市场竞争日趋激烈，受我国加入世界贸易组织的影响以及各界看好服装业的发展，自 2007 年以来，各地的服装企业如雨后春笋一般成长起来。2018 年男装产业市场份额仅次于女装，其市场规模占据整个服装市场近 30% 的比例。

一、男装设计相关概念

男装设计是专指对男性服装的设计。男装设计的要领是，首先，要了解男子的体型特征，了解男性服装审美的共性。男装需表现出男性的气质、风度和阳刚之美，设计时强调严谨、挺拔、简练、概括的特点。其次，男装设计比较注重完美、整体的轮廓造型，简洁、合体的结构比例，严格、精致的制作工艺，优质、良好的服装面料，沉着、和谐的服装色彩，协调、得体的配饰物件。另外，男装的造型变化比女装的造型变化小，色彩的选用范围也不如女装丰富。男装需要注重小的局部变化设计，如袋口的装饰变化、领子造型的细微变化、镶拼面料的风格设计等；在款式设计上要求宽松、自然，一般不要求紧身设计，多采用夸张肩部的造型设计，使服装整体造型以 T 形为参考。男装设计还注重材料质地，对面料要求较高，所以男装价格一般比女装高。

男装的品种主要有正装（西式礼服、西装等）、日常便装、职业装、运动装、浴衣、内衣等。

二、人体体型特征与男装

1. 人体体型的基本构造、分类及特征

（1）人体体型的基本构造。人体可分为头部、上肢、下肢、躯干四部分。上肢包括：肩、上臂、肘、前臂、腕、手。下肢包括：髋、大腿、膝、小腿、踝、脚。躯干包括：颈、胸、腹、背。

由于服装造型最终要在人体上体现，所以研究服装设计和服装结构一定要先了解人体构造，要重视对人体的学习和研究。

从人体工程学的角度看，服装不仅要符合人体体型的需要，更要符合人体运动规律的需要。评价一套服装是要在人体上进行检验的。服装既是人的第二皮肤，又是人体的包装。服装应该合体，应该与人体特征相适合，穿着之后使人感到舒适、得体，同时具有美观的效果，增添人体的美感，使人与服装真正地统一为一体。当然，要做到这一点除了掌握其他知识外还需要掌握大量的人体体型资料，以便更好地进行服装设计研究。

人体由 206 块骨头组成骨骼结构（图 1-1），在骨骼外面附着 600 多条肌肉（图 1-2），在

肌肉的外面包覆着一层皮肤。骨骼是人体的支架，各骨骼之间由关节连接起来，构成了人体的支架，起着保护体内重要器官的作用，又能在肌肉伸缩时起到杠杆的作用。人体的肌肉组织很复杂，纵横交错，又有重叠部分，种类不一，形状各异，分布于全身。有的肌肉丰满隆起，有的则依骨且薄，分布面积也有大有小，体表形状和动态也各不相同。

（2）人体体型分类。从形态上看，人体与服装有着直接关系的是人体的外形，即体型。人体是由四大部分组成的，那就是前面所讲到的躯干、下肢、上肢和头部。如果从造型的角度看，人体是由三个相对固定的腔体（头腔、胸腔和腹腔）和一条弯曲的、有一定运动范围的脊柱以及四条运动灵活的肢体所组成。其中脊柱上的颈椎部分和腰椎部分的运动，对人体的动态有决定性的影响，四肢的运动方向和运动范围对衣物的造型也起着重要的作用。人体外形的自然起伏

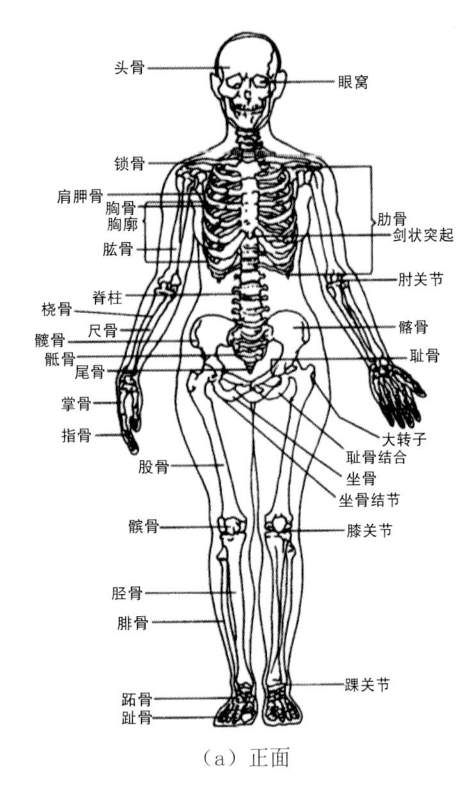

（a）正面

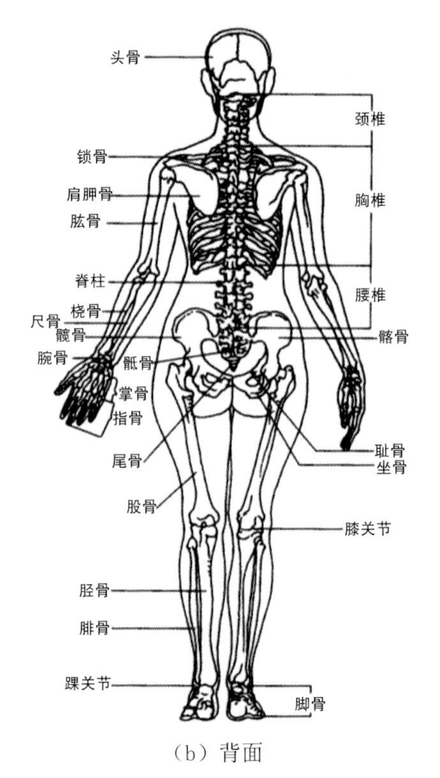

（b）背面

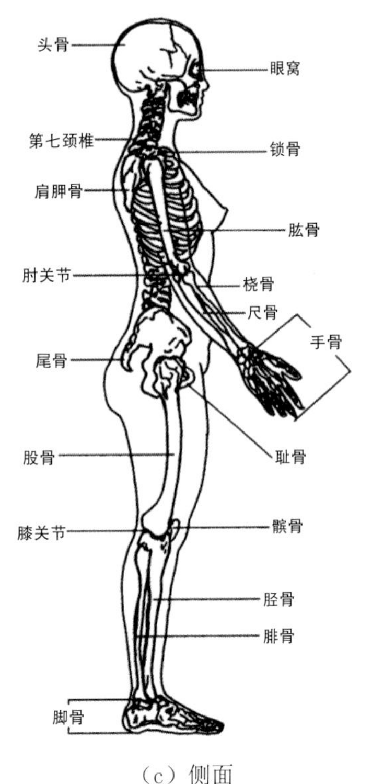

（c）侧面

图 1-1 人体骨结构图

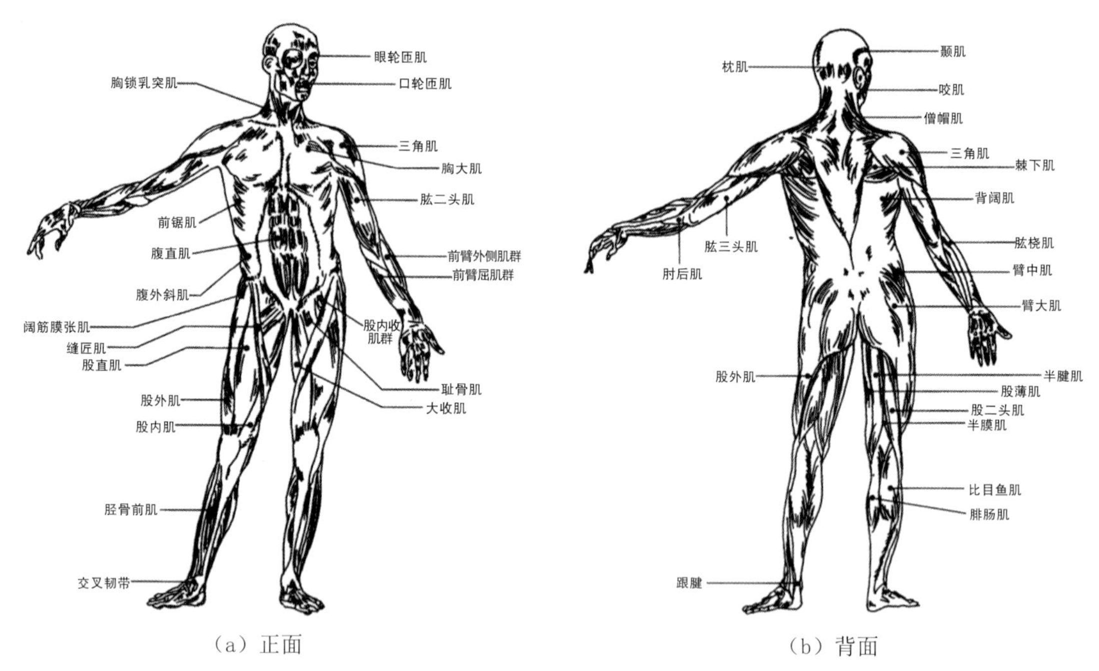

（a）正面　　（b）背面

图 1-2　人体表层肌肉

和形状变化是有其自身规律的，这就是人体的共性特征。例如人体凸起、凹进部位及形状等，都是由于人体内部结构组织而表现出来的。但是每个人的体质发育情况各不相同，在形态上也有高矮、胖瘦之分。并且由于发育的进度不同、健康的状况不同、工作关系与生活习惯的不同等，形成了有的人挺胸、有的人驼背，有的人平肩、有的人溜肩，有的人肚大、有的人臀大，有的人腰粗、有的人腰细等不同的体型（图 1-3）。

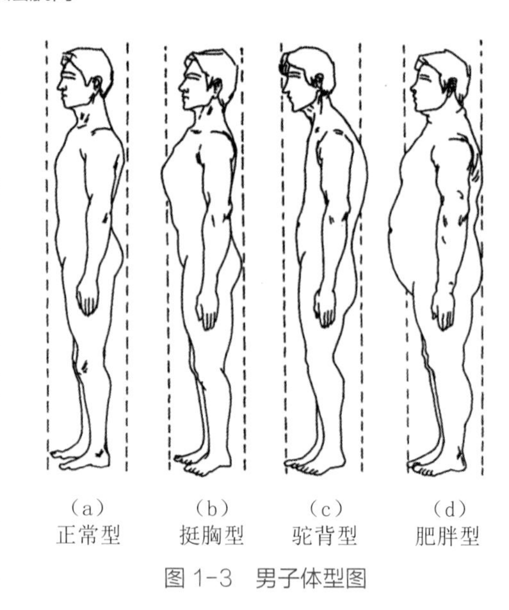
（a）正常型　（b）挺胸型　（c）驼背型　（d）肥胖型

图 1-3　男子体型图

（3）男女体型特征。男、女人体由于长宽比例上的差异，形成了各自的特点。男子体型与女子体型的差别主要体现在躯干部。女子胸部隆起，使外形起伏变化较大，曲线较多；男子胸部则较为平坦（图 1-4）。

2. 男子体型特征对男装款式设计的影响

（1）对上衣设计的影响。男子由于胸部较宽，显得腰部以上发达，最明显的是肩部宽阔。受此特征的影响，在设计上衣时夸大肩部就成了男装上衣设计的一般性法则，这一设计法则在男装各类上衣中基本上是通用的，但在具体设计手法上可以灵活掌握，例如可以采用分割线设计、加垫肩设计、色彩分割组合设计等。男装上衣主要有夹克、衬衫、西装上衣、中山装、两用衫等，这些款式的男装都需要表现出男性的气质、风度和阳刚之美，强调严谨、挺拔、简练、概括的特点。这与男子体型给人的直觉感有着密不可分的联想，同时设计师还要采用各种材料来强化男装的美感。另外，男子体型的三围比例，即胸围、腰围、臀围的比例，与女子体型的三围比例有较大的差异，男子的三围数值相差较小，而女子的腰围与臀围的数值相差较大，所以男子体型可用 T 形来概括，女子体型可用 X 形来概括，这样可以明显地看出男子体型的挺拔、简练的特征和女子体型的曲线、变化的优美特征的对比。将男、女体型概括为 T 形和 X 形在很大程度上影响了不同性别服装的外形特征，从古到今都可以认识到这一点，尤其是在西方服装史上这一特征表现得更为突出。实际上，这种视觉观念在人们的思想里已经根深蒂固，在设计男、女装时应认真地研究它，以获取有规律的东西来为设计服务。如男式大衣类的设计多以筒型和梯形为主，而女式大衣类多以收腰手法进行设计等。

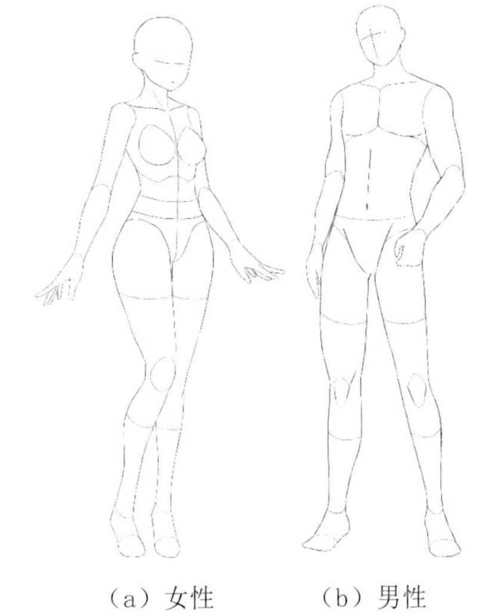

（a）女性　　（b）男性

图 1-4　男、女体型的比较

（2）对裤装设计的影响。从服装史的角度看，裤装本来是男性的专利，这与人类对男性的审美标准是有着直接的关系的，当然与不同性别的社会分工也有着根本的联系，也就是这些诸多因素的并存而产生了现实的审美观。裤装便于行动，给人以利落感，以男子体型为基础一般宜设计较宽松的裤型，尤其是横裆和中裆部位。男子体型突出的特征是上体部位的“膀大腰圆”，受此影响男裤设计一般不强调腿型和展示下半部的体型特征；而女裤、女裙的设计却正好与男装相反，由于受女子体型特征和审美观念的影响，服装设计师一般要较多地考虑如何设计优美的女下装才能充分展示出女性的曲线美。

第二节　男装设计现状

近年来，男装产量的增长速度开始放缓，终端数量增多，生产经营管理难度加大，场地单位面积租赁费用居高不下、利润下滑、库存积压严重，这一系列问题都是男装企业感到“累”的直接原因。我国男装产业依旧存在较多问题，男装市场竞争激烈，研发经费投入较少，同质化现象较为严重，很难满足消费者的高品质和个性化需求。

实际上，我国男装也有产量，有着广阔的市场前景，所缺少的就是附加值。我国男装企业很多都是从大批量生产开始做起。因此，很多男装企业往往认为，做品牌只能占有少数消费者，无法达到高数量，更难以实现目前所达到的销售额。事实并非如此。2002 年，国际著名男装品牌杰尼亚（ZEGNA）的销售额与国内男装品牌基本相等，但是销售额相同，不等于销售数量相同，更不等于利润也相同。杰尼亚男装是工业品牌，但在进入我国后，消费者却把它当做一个设计师品牌去喜爱和追随。一件杰尼亚西服要比我国本土生产的西服价格高出 10 倍，在这 10 倍中，只有 2 倍是来自生产设计等环节，另外都来自品牌的附加值，这说明好的男装品牌，其附加值很大。

如果把男装和女装走向国际的可能性做个比较，女装最薄弱的环节是设计，男装最薄弱的环节就是营销。营销可以靠管理来实现，而设计水平的提高是非常难的。

国际男装大牌多为工业品牌，设计师品牌男装市场非常有限。因此，从款式上讲，我国男装款式与国外没有太大差距。同为工业品牌，对设计处理的方式甚至可以是雷同的，设计不占主导地位。中外男装差距主要在于营销理念，国外工业品牌的营销做得非常成熟，附加值高，利润空间自然就会提升，在这一点上，我国男装需要付出更多的努力。

一、成衣化男装设计

成衣化男装是直接在市场上销售的男装。设计师的主要工作目的之一便是把自己设计的服装通过批量生产转化为产品，再经过销售环节转化为商品，为企业赚取经济利润和社会效益。因此，成衣化男装具有很强的商业型和实用性。由于成衣化服装最终的目的是在消费者手中变为消费品，因此要求设计师要根据流行状况和市场需求进行构思，还要考虑到大众的审美和经济成本等因素的制约。

1. 成衣化男装的定义

成衣化男装是相对于艺术化男装来说的，符合成衣的定义。成衣是近代在服装工业中出现的一个专业概念，它是指服装企业按照一定的号型标准工业化批量生产的成品服装。一般在裁缝店里定做的服装和专用于表演的服装等不属于成衣范畴。通常在商场、成衣商店内出售的服装大多都是成衣。成衣作为工业产品，符合批量生产的经济原则，生产机械化、产品规模系列化、质量标准化、包装统一化，并附有品牌、面料成分、号型、洗涤保养说明等标识。

服装流行一直是上流社会的专利，无论是哥特时期、拜占庭时期、文艺复兴时期、巴洛克时期还是洛可可时期，服装成为少数人地位和身份的标志。随着 18 世纪英国工业革命的爆发，一些与纺织业有关的机械发明和化学工业的发展与进步，纺织业开始发展起来，缝纫机、有机化学和化学染料的问世，使得工业革命产业化，服装从原来传统方式向规模化、规格化和高度分工转变。相对于高级定制来说，成衣化面向中档或中低档消费层，采用普通低价的面料和简单的加工工艺制作，使成衣售价更低廉，普及面更广。在生产中尽量减少复杂的工序，是生产的大批量化得以实现，是典型的成衣化生产。在设计过程中设计师需要全面地把握市场，需要根据企业品牌的市场定位、风格特征、发展方向、流行趋势及消费人群的需求，将艺术与实用相结合，设计出既能满足消费者需求，又能满足企业利润追逐的男装成衣款式。

2. 成衣化男装的设计目的

法国著名设计师克里斯汀・拉克鲁瓦（Christian Lacroix）曾说过“时装是艺术，而成衣才是产业”。当巴黎高级时装走向萧条的时候，一些高级时装店不得不把触角伸至其他相关领域，皮尔・卡丹（Pierre Cardin）是其中最善于经营的一位。1962年，皮尔・卡丹第一个涉足高级时装的禁区——高级成衣业。卡丹与巴黎奥・普兰登百货公司订立合约，从高级时装展中选出作品进行成衣生产，加上卡丹的标牌与百货公司的标牌，然后推出销售，而且百货公司必须设置卡丹专柜。卡丹专柜服饰的价格大约是高级时装的1/6，虽然面料品质相对较差，但比起普通成衣要好得多。尽管这样做招来同业者“伤害高级时装品位”的责难，甚至有人主张把他从高级时装协会中除名，但卡丹有自己的立场：与其让高级时装被大肆仿冒，不如建立自己的高级成衣市场，这样既能控制产品质量，又可获得大量生产带来的巨大利润。20世纪60年代末，高级时装萧条没落，果然应验了卡丹的策略。实际上是为面临危机的高级时装开辟了一条生路，为高级时装的继续维持发展提供了经济后盾。此后，其他的设计师如伊夫・圣・洛朗（Yves Saint Laurent）也开设了专柜销售成衣。

3. 成衣化男装的设计特征

成衣化男装具有目的性和实用性，其设计思维和工作流程与艺术化男装和概念化男装有着较大的差别。成衣化男装直接用于市场销售，要通过批量生产转化为产品，经销售转为商品，最后到达消费者的手中。因此，服装具有功能性、经济性和审美性的设计特征。

（1）功能性。成衣作为商品而言，必须有功能性。对于女装来说，装饰性很多时候是大于功能性的，而男装则反之，服装的功能性放在首要考虑的位置。产品的性能、构造、精度和可靠性，面料是否防水、防静电等，是重要的特征。通常服装具备的基本功能包括吸湿排汗、防风保暖、抗菌防臭等。而对于一些特殊作业的服装则会有着更高的功能需求，主要包括防水、防静电、抗污、抗UV等。注重产品功能性设计的成衣品牌案例有很多，例如德国普德国际时装集团生产的一件男装，里外共有10个口袋，并在吊牌上明确了它们的分工，如放手机的、放信用卡的、放登机牌的、放钱包的口袋还可以脱卸，穿上这件漂亮又实用的衣服去出差会十分方便。

大多运动装人性化的设计表现在服装的功能上。如欧洲户外运动品牌沙乐华（SALEWA）的专业冲锋衣可以作为功能性运动装的代表，产品所采用的GORE-TEX面料与XCR-2面料是最先进的面料。GORE-TEX是美国面料生产厂家戈尔（GORE）公司生产的一种涂层，学名叫做膨化聚四氟乙烯。其衣服上同时还有防水透气性能极优的网眼结构内衬，双拉链设计、防风门襟、下摆内侧的防风衬、可调节的帽子、腋下的通风口等新概念的功能设计（图1-5）。

耐克公司于2008年推出了一款夹克，以高科技的3-Layer面料制作。3-Layer面料是一

图 1-5 沙乐华（SALEWA）冲锋衣

种把 GORE-TEX 如三明治般夹于面布和里布之间的面料，更为耐磨，穿着硬挺，具有良好的防水、防风性和优秀的透气性。这款夹克非常适合骑车时穿，帽子与领口的设计可以有效减少风阻，受到了很多“骑行族”的欢迎。

（2）经济性。成衣服装企业想要在市场上获得效益，在市场激烈的竞争中独占鳌头，需要重视经济性。企业的消费者目标不同，经济性的要求也不同。对于高档次服装，面对的消费群体是高收入的群体，他们对服装的经济性要求相对不高，更加重视品牌，代表着一种高品质的生活状态。对于中档次和低档次的服装来说，消费者更加重视经济性，重视产品的性价比，要求产品物美价廉，既要能够满足自身对产品的款式设计、面料功能、着装审美等方面的需求，同时又要求产品价格不过于高昂。对于设计师来说，在设计之前，应该从消费者的消费实力出发，了解目标群体的生活方式、经济收入、消费需求档次等，在产品设计中必须注意控制成本，设计出适合产品目标群体消费能力，符合目标群体的消费结构、消费心理的产品。如果无视目标群体的消费支持能力和对产品价格的敏感度，不进行事先的市场研究分析，盲目投入生产，势必会造成产品的大量库存积压，给企业和品牌带来损失。

（3）审美性。服装作为一种产品，不仅要满足人们穿衣生活的基本功能需要，更需要具有一定的审美价值。尤其是在经济水平快速发展，人们生活质量日益提高的今天，消费者对穿衣生活的需要，已经从功能需要为主逐渐朝着审美需求为主的方向转化，要求服装产品在符合服装基本功能的同时，满足人们的审美需求。这一点在市场销售中可以很明显地反映出，符合消费者审美取向的服装能更好地吸引消费者，更能够被消费者所认同，并能够促使消费者产生购买欲望，促进实际消费。因此，设计师要在男装产品设计中融入艺术审美，及时掌握流行动态，把握消费者的审美需求，结合品牌产品定位，使得产品既能符合目标消费者的普遍要求，又能在一定程度上通过创新来提高消费者的审美品位，并能够引领消费者的审美取向。

二、品牌男装设计现状

我国男装如何适应市场形势，真正成为一个经营时尚产品的行业？这是国内男装企业最渴望得到回答的问题。探讨这个话题，我们应该回顾我国男装的发展历程。

我国男西服于 1989 年左右开始进入大量消费阶段。1989 年杉杉集团总裁郑永刚最开始做西装，并开创杉杉品牌；雅戈尔于 1993 年涉足西装生产。回顾我国男装发展的历程来看，在快速发展的同时也出现了一些问题。

第一，我国男装的发展历史短。成衣生产历史不过 40 多年时间，比起欧美国家有百年历史的服装企业，我国男装产业有很长的路要走。

第二，起点低。我国男装的发展大体是从低端向高端走。男装的生产首先满足普通消费者需求，营销战略是“稳定的质量”加上“低成本”和“大规模”，忽略了包装、宣传、定位等重要的品牌发展要素。而欧洲男装的发展路线是从宫廷贵族开始，随后逐步进入平民生活，由高端向低端走。很多国际大牌最初只为皇宫贵族做服装，具有极强的个性化，其品质昂贵、高雅。

第三，我国男装行业缺乏高端人才。第一批男装企业的创办人、制作工人大多未接受过系统的训练，缺乏高学历的人才。欧美的服装发展历经了几百年的历史沉淀，其产业相对发达，而我国的服装产业缺少成熟理论的指导。

尽管如此，我们还是可以说，我国男装品牌具有相当大的潜力，假以时日，一定能够成长起来，也一定能够出现抗衡国际大牌的品牌，但这可能还需 10 年或 20 年，甚至更长的时间。

做服装原本就是非常辛苦的一件事情。但是辛苦不足为惧，对企业来说，最重要的是要了解我国男装业的前景。我国男装业能否找到新的利润点，为整个服装产业带来勃勃生机？从总体上说，虽然我国男装存在很多需要解决的问题，但是整个市场男装的需求势头仍然很强劲，市场形势还是令人乐观的。主要问题是，男装市场还有广阔的空间没有被开发出来。

首先，我国拥有 14 亿人口，市场巨大，全球服装企业都看好我国。随着经济的发展和人们生活水平的提高，过去男人衣柜里只有两三件衬衣、一两套西装的状况会逐渐改变。有人强调说：“男人衣柜里至少要有一打衬衣。”社会消费能力逐步提高，就会给男装企业带来发展希望。但是为什么我国男装企业还会做得如此辛苦呢？一切都源自利润率，如何提高利润率是男装实现飞跃的关键环节，这涉及我国男装企业如何转型的问题。

其次，男装企业要转移重点。服装分为生产前、生产中、生产后三个阶段，过去企业都将重点放在产中和产后阶段，关注生产了多少产品，产品是否能够出售，资金是否能够收回，却唯独忽视了产前阶段，如对产品的宣传、营销策划、产品的定位等，这是势必需要转变的认识。

最后，还有一个重要因素——技术的创新。尤其是面料会对男装的发展带来很大影响，因为国际男装面料采购比较集中，如意大利著名的男装面料基地比耶拉（BIELLA）。顶级男装品牌杰尼亚的纺织基地就设在比耶拉。意大利男装面料企业以生产高端面料为主，许多国际男装企业前去采购，数量都极为有限。如法国品牌 Lanvin，每次前往意大利比耶拉采购面料时，都是经过精打细算的，而我国男装企业每次采购甚至会以万米为单位计算，从而大量以该面料生产服装，造成大量库存的现象。因此，我国男装面料急需根据国内的实际情况，进行技术创新，生产自己的高端面料以适应市场的需求。

综上所述，我国男装设计品牌若要有好的生存环境，必须立足于营销市场理念，创建品牌文化。

第二章
男装设计分类

现代男装的种类非常丰富，即使是同一种类的男装也包含众多款式。服装的分类历来有诸多不同的视角，比如历史发展进程、季节、面料、制作方式等。在如今现有对男装的研究中，分类方式通常是以多种形式予以区分的，且每种分类形式都有对应分类依据和分类方法。本章将按男装的设计用途和设计风格对男装进行分类和探讨。

第一节　按男装设计用途分类

男装按设计用途分类，主要分为礼服类男装、运动类男装、职业类男装、休闲类男装四类。本节结合国内外知名设计师设计的作品案例，分别对这四类男装的定义、起源、主要类型、风格特征、色彩特征等方面进行了详细阐述。

一、礼服类男装

1. 礼服的定义

现在对礼服的一般定义是指出席正式场合、符合特定礼仪穿着的服饰总称。回溯男装礼服发展至今的历史可以大致得出男装礼服是巴洛克时期正式出现在大众视野中的。鸠斯特科尔（Justaucorps）礼服作为现代男式礼服的始祖，其本意是紧身而合体的服饰（图 2-1）。

图 2-1　鸠斯特科尔礼服

鸠斯特科尔礼服的面料奢华，以天鹅绒和织锦缎作为主要面料，再加上金线银线的刺绣装饰点缀，是巴洛克时期典型的奢华风的代表。鸠斯特科尔礼服对男装礼服的影响延续至今。如今，男士出席各类重大活动时，都会遵循“国际着装规则”穿着正式礼服，以表示对场合的尊重和对主办方的礼仪。

2. 男装礼服的主要类型

（1）晨礼服。晨礼服是由弗瑞克外套（Frock Coat）演变而来的，弗瑞克外套为双排扣、戗驳领、衣长在膝盖线以下的长外套。由于 19 世纪欧洲对狩猎活动的崇尚，在骑马时的不便使得人们对弗瑞克外套进行了形制的改革——将双门襟改为单门襟，前片下摆长度缩减并改为弧线形式，由此出现了弗瑞克外套的衍生品——纽玛克。虽经历了几个世纪的变化和发展，晨礼服发展至今仍保持着维多利亚时期的风格，有着几乎统一的标准，一般来说，晨礼服外套为戗驳领、一粒扣设计。在结构上保留了弗瑞克外套的传统结构，后片中缝有明开叉至腰，两边刀背缝贯通，中间与侧腰至前身的腰缝汇合成 T 字结构，并用纽扣在结合点上固定（图 2-2）。

图 2-2　欧洲晨礼服

晨礼服在当今的社交生活中，由于其正式的属性，通常被作为公认的服装被穿着。晨礼服出现最多的场合是欧洲皇家或贵族的婚礼，例如 2011 年英国威廉王子和凯特·米德尔顿的婚礼上首相卡梅伦身着传统晨礼服，以蓝色的暗纹领带作点缀，通身符合晨礼服的一贯搭配准则。

当然，晨礼服作为正式场合必备的服装，在国际惯例中，晨礼服也是葬礼上男士的着装，一般会选择黑白色系以表示对死者的尊重和惋惜，其他颜色是不被允许的。1963 年 11 月 25 日，肯尼迪的遗孀杰奎林与亲友们站在华盛顿圣马太大教堂外，为肯尼迪举办葬礼，出席葬礼的家族成员身着纪梵希（Givenchy）服饰（图 2-3），除了两个子女外所有成员都穿着黑色晨礼服、灰色暗竖条纹西裤或藏蓝色等深色系西裤，搭配白衬衫、黑领带、黑皮鞋，其中也有晨礼服外套的胸口处放以白色口袋巾作为装饰，黑白两色的搭配烘托了庄重肃穆的氛围，表达了肯尼迪家族对逝者的追思

图 2-3　1963 年 11 月 25 日肯尼迪葬礼上穿着纪梵希服饰的肯尼迪家族成员

悼念。

（2）董事套装。董事套装（Director's Suit）也称日间半正式礼服，一般在非国家级的白天正式场合穿着。董事套装包括上衣、马甲、西裤，通常情况下默认为黑色三件套。男士在参与类似于聚会活动、仪式、考察等活动时会穿着。董事套装源自20世纪初的英国，原本是作为董事会成员专供的礼服，带有职业性质，用今天的话来说就是当时的职业装。由于当时工业的飞速发展和进步，整个社会经济处于腾飞状态，借助于这种大时代背景，董事套装应运而生，逐渐替代了晨礼服在大众视野中的地位，成为了20世纪英国绅士、富豪、上流人士等出席日间聚会、仪式等非正式活动的新宠（图2-4）。

图2-4　20世纪英国绅士、富豪、上流人士穿着的董事套装

相较于晨礼服，董事套装是将晨礼服后片“拖尾”裁剪成和前片相同的长度，并且保持晨礼服戗驳领的特色（图2-5），一般与上衣相搭配的是黑灰间隔的裤子、银色暗纹的领带、企领白衬衫。除此之外，董事套装区别于晨礼服的是它的戗驳领没有镶锻设计，同时为口袋添加袋盖，口袋为单嵌线或双嵌线，通常只在左边袋上设一粒纽扣（图2-6）。而当时的社会名流一般在穿着董事套装时会搭配小礼帽、领结、弯柄手杖等。

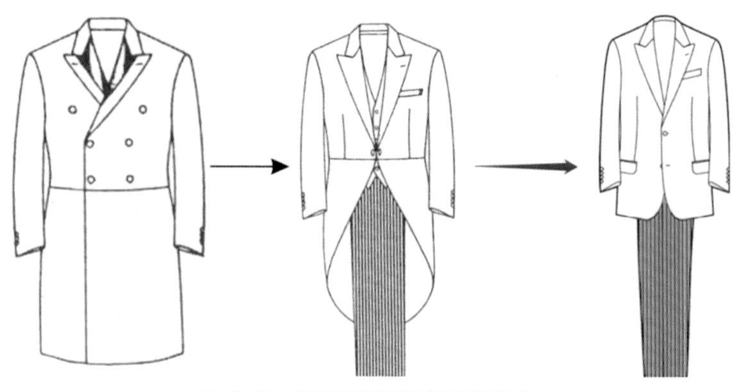

图2-5　董事套装延续戗驳领特色

图2-6　无镶锻设计戗驳领的董事套装

国际着装规则中有董事套装成文的搭配原则——单排扣外套必须配马甲，双排扣外套可只系领带。具体搭配方案如下。

① 标准的董事套装。标准的董事套装（图2-7）一般来说搭配黑灰色间隔条纹西裤，内搭衬衫常用企领，灰色系、银色系领带为大众搭配标准，内搭背心为无领、双排六粒扣或单排常服马甲。20世纪初英国独具传奇色彩，有“影坛千面人”之称的亚利克·基尼斯爵士（Alec Guinness）也是董事套装的追随者。20世纪80年代，美国总统里根出席就职典礼时也是穿着董事套装。

② 双排扣董事套装。如果外套为双排扣，则可以省去背心。双排扣外套的特点来自于它的

修身裁剪，加上硬挺的垫肩和翻领能够很大程度上拉大腰肩比，充分展现男士的身材，展示男性气概。双排扣外套主要是在20世纪二三十年代风靡流行，作为引领时尚潮流的查尔斯王子便是双排扣外套的推崇者（图2-8）。查尔斯王子接受治疗离开赛伦塞斯特医院时的穿搭也是当时时装媒体争相报道的头条。被拍摄到的照片中查尔斯王子身穿黑色戗驳领双排扣外套，内搭湖色衬衫，白色西裤与酒红色皮鞋作撞色搭配，口袋巾的纹样与整套穿着呼应，给人以轻松愉悦的观感。

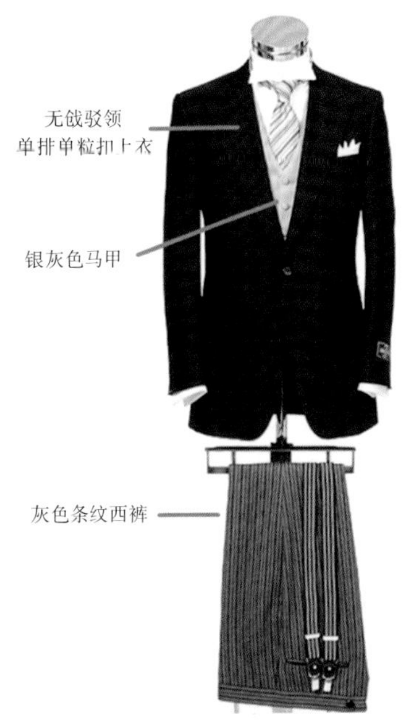

图2-7　标准董事套装

③ 单排扣董事套装。单排扣董事套装上衣通常有两种形式——单排两粒扣或三粒扣。内搭背心设有五或六粒纽扣，四个夹袋盖或双嵌线的口袋成左右对称，袖口处以四粒纽扣作装饰，上衣外套也有中开衩和无开衩之分。此时的单排扣上衣在选材上进行了大胆的尝试，粗花呢子和法兰绒在大众视野中出现，色彩上会选取更为时尚、靓丽、活泼的颜色。在装饰点缀上更为精致，口袋方巾、领针等装饰品层出不穷。以电影《了不起的盖茨比》中莱昂纳多·迪卡普里奥的一套穿着搭配为例，男主角身穿粉红色白条纹单排扣外套和西裤，内搭白色衬衫和同一材质的背心，系两色相间的领带，以同色系的口袋巾作装饰。整套搭配符合那个爵士流行的年代背景，也反映了对深色西服和单调色彩的一种反抗。

（a）正面

（b）侧面

（c）模特穿着效果

图2-8　双排扣董事套装

（3）燕尾服。燕尾服是男士的夜间正式礼服，也是最高规格的男士礼服。国际着装规则规定燕尾服只有在下午六点以后才能穿。在最高规格正式的晚间社交场合中，若是请柬上注明了“White Tie”，男士则必须穿着燕尾服。在18世纪末的法国大革命时期，为了骑行灵活方便，裁剪掉了当时外套的前襟下半截，这就是燕尾服的前身。19世纪初，燕尾服被认可为礼服，到了中叶，燕尾服才被作为男士正式晚礼服，在造型上通常为前短后长，前片在腰部逐渐贴近身体，后片则长至男性膝盖后侧，同时开高衩至腰处，腰部有横向切断线与前片切断线连接。领子为一贯的戗驳领，并且附一层无光泽的绸面，扣子也是用同类绸面包裹。袖子的裁剪更是精细，燕尾服的袖子瘦窄、高袖山、小袖笼，与宽大而方正的肩部设计搭配使得外套的整体造型更为立体有质感；在面料的选择上多为精纺礼服呢和驼丝锦；在色彩上大多是黑色或者藏青色；在细节上更是令人赞叹，袖口处的装饰扣和前门襟的斜排扣子都用同类绸面包扣，与整体和谐统一（图 2-9）。

图 2-9　燕尾服

燕尾服的搭配原则在众多礼服中近乎苛刻，国际着装规则中规定最高级的夜间正式社交场合中，燕尾服必须系白色领结，这是标准燕尾服重要标志；衬衫搭配白色双翼领衬衫，而袖扣以白金或高档金属材质等为宜；与燕尾服相配的礼服裤也是深裆长西裤，配以背带，外侧裤缝处装饰两条与燕尾服驳头同色同质的丝带；裤兜为直开兜，前腰省的旁边有单开线的表兜，一般没有后裤兜，如果有也只是一侧有，是双开线的挖兜；搭配黑色的袜子及黑色皮鞋（图 2-10）。

图 2-10　2008 年斯德哥尔摩诺贝尔颁奖典礼上参与者身穿燕尾服

而在欧美领导人出席最高级别的颁奖仪式、国家级的正式欢迎晚宴等顶级外交场合时男士也会穿着燕尾服以表示庄重。例如，在各届诺贝尔颁奖典礼中，所有的男士都身着燕尾服，佩戴白色领结。

（4）塔士多礼服。塔士多礼服被称为夜间的半正式礼服。如在参加活动时请柬上标注时间为夜间且附有“Black Tie”字样，则是指定男士穿着塔士多礼服前来赴宴。塔士多礼服一般在国家级的晚宴、音乐会、庆典等场合作为男士礼服，但没有燕尾服正式的程度高。塔士多的前身为法国的吸烟装（Smoking Jacket）。塔士多礼服诞生于 1886 年，之后逐渐在欧美国家流行，到今日演变成高级晚宴和酒会中名流要士的主要着装。塔士多礼服与前文所提礼服形式的相似之处是在领型的选择上也大多是戗驳领，有少部分为青果领，青果领没有驳头，整个领子包括门襟是连在一起的，像围脖一样裹住脖子，在整体的面料选择上选取精致的羊毛面料。裤子一般使用黑色或藏蓝呢料，面料和色彩也可有不同于上衣的选择。塔士多礼服配搭的衬衫前片有褶裥装饰，袖口处配金属袖扣装饰，领结必须为黑色（图 2-11）。塔士多礼服

图 2-11　搭配黑领结的塔士多礼服

通常在腰部配有较宽的黑色腰带。

二、运动类男装

1. 运动服的定义

运动服本意是指专用于体育运动竞赛或从事户外体育活动穿用的服装。通常按运动项目的特定要求进行设计制作。广义上还包括从事户外体育活动穿用的服装。现多泛指用于日常生活穿着的运动休闲服装。

如今的运动类服装并不只是代表运动服，而是通过对运动类单品的搭配展现整体的运动风，除了赋予运动服这个定义以外，更多的是展现服装整体搭配带来的阳光、活力、激情。

2. 运动类男装的搭配

在20世纪60年代，法国设计师安德烈·库雷热（André Courregés）在男装设计中加入了运动元素，从而改变了运动服只能作为专门运动穿着这一观念，使运动风格成为服装设计的一个很重要的方向，也为传统男装设计开辟了新天地，男装由此呈现出别样的活力和热情。

（1）运动街头类男装。宽松卫衣和垮裤是运动街头风格男士最典型的穿搭，一般会搭配一些配饰作为整套穿搭的点缀，比如棒球帽、篮球鞋、金属项链、夸张造型的戒指等。松紧搭配是这一类型服装的搭配原则，除此之外也可选用一些亮色单品打破整套搭配的沉闷感，但不要全套都为亮色使得抓不到出彩点，整套穿搭又显得杂乱。另外，条纹运动服也是这一类型的典型单品（图2-12、图2-13）。具体在本章第二节中讲述。

图2-12　条纹运动服

图2-13　卫衣和垮裤的街头风格穿搭

（2）运动休闲类男装。偏向休闲类的运动男装相较于街头类型而言会显得更为普通一些，并不是普遍意义上的时尚走向，所以可能会被忽略，但是如果能搭配的好也可以是人群中的亮点。类似简单宽版的白色T恤虽然单调，与夸张显眼的T恤相比它更胜在干净、利落，成为经典又百搭的时尚单品。这类运动服会选择一些版型和款式较为简单，质感较强，带有少许时尚元素的裤子作搭配，整体有运动类服装所具有的功能性、舒适型，又具备当下流行的时尚感。牛仔服是该类型中的必备单品。

在 2022 年春夏男装周中，牛仔配牛仔（Denim on Denim）是秀场上的一大看点，很多知名品牌都推出整套系丹宁的设计作品（图 2-14）。Denim on Denim 指的是上衣和下装都为丹宁单品，由于丹宁面料独具的柔软特性，使得它特别适合作为春夏的休闲穿搭，具备运动类服装的舒适感又具备潮流单品的时尚性，一整套的同色搭配也不会过于简单没看点。

（3）运动都市类男装。对比以上两种搭配，喜爱都市风格的男士更多地会选择偏商务职业的运动类男装来取代一年四季严肃又沉闷的正装。每日生活于大都市的男士多会选择这一类型——商务和休闲的混搭，多为休闲西服搭配运动鞋。在 AMI 2022 年春夏男装系列中就可见得（图 2-15）。

图 2-14　丹宁牛仔裤系列

图 2-15　AMI 2022 年春夏男装系列

三、职业类男装

职业类男装即男性在工作时段因职业性质的不同穿着的服装，与男性的职业特点相关。职业类男装区别于日常生活中所穿着的服装，是根据工种性质的不同且满足于方便劳动要求的工作服装，符合公司或组织整体形象。针对各工种服务生产性质的不同，职业类男装又可分为以下几类。

1. 行政职业类男装

行政职业类男装是商业行为和商业活动中最为流行的一种服装，它是兼具职业装与时装特点的一类服装。这类男装在形制上会有严明的规章但又不缺流行性，追求品位与潮流，用料考究，造型上强调简洁与高雅，色彩追求合适的搭配与协调，总体上注重体现穿着者的身份、文化修养及社会地位。这类男装包括衬衫、领带、西装、西裤等，有一定的装饰性单品，如方巾、手表、袖扣等。

一般金融、保险、物业管理、政府机构等行业会选择该类别的职业男装（图 2-16、图 2-17）。

图 2-16　行政职业类男装：企业高管西装套装

图 2-17　行政职业类男装装饰单品：方巾、手表

2. 职业制服类男装

职业制服类男装是行业为体现本行业的特点，为区别于其他行业而特别设计的着装。它具有很明显的功能体现与形象体现双重含义。这种职业装不仅具有识别的象征意义，还规范了人的行为并使之趋于文明化、秩序化。一般餐饮业、旅游业、酒店业、商业机构、物流业、科教、文体、医疗系统运输、行政执法系统、军队等会选用此类职业男装（图 2-18）。

（a）外卖骑手工作服

（b）医生工作服

图 2-18　职业制服类男装

3. 职业工装类男装

职业工装类男装是以满足人体工学、护身功能来进行外形与结构的设计，强调保护、安全及卫生作业使命功能的服装。它是工业化生产的必然产物，并随着科学的进步、工业的发展及环境的改善而不断改进。一般涉及制造业、加工业、工程建筑行业、安装维护行业、环卫绿化行业等（图 2-19）。

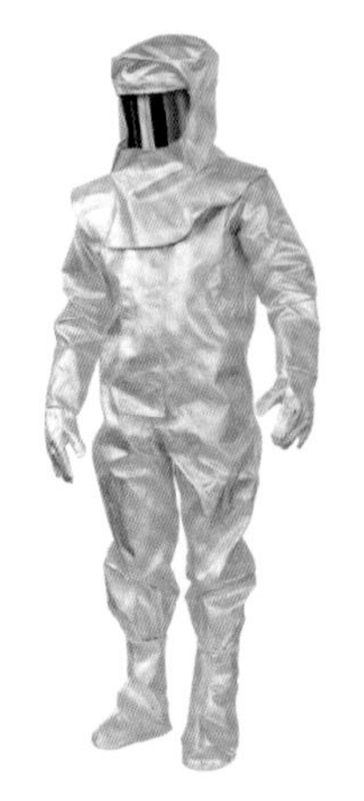

(a)防静电电工工作服

(b)反光环卫工工作服

图 2-19　职业工装类男装

四、休闲类男装

1. 休闲类男装的定义

休闲类男装一般指男士在工作之外的闲暇时间所穿着的服装。休闲类男装一般具有造型简单、随意、大方的特点。在当今快节奏的生活中，休闲类男装契合了人们向往宁静、自然、悠闲的生活态度，搭配方式也比较多元，主要体现休闲轻松的氛围感。根据消费者的年龄层次、穿着场合和功能、产品档次、品牌风格定位等不同因素，休闲类男装还可以分为时尚休闲男装、商务休闲男装、运动休闲男装等类别。较之礼服男装、运动类男装、职业类男装等品类，休闲类男装更容易受时尚潮流大趋势的影响，所以在设计休闲类男装时更需要不断创新，紧跟市场和消费者的取向，因循守旧是不可取的。

2. 休闲类男装的基本特征

休闲类男装的基本特征用一句话来表述就是“简单而不失细节”。由于面向的消费群体较广，为了满足各类消费者的需求，休闲类男装的设计一般是遵循简约而自然的原则，以大气、系列性的产品为主，不刻意追求独树一帜、夺人眼球的视觉效果。目前较为出色的休闲男装品牌有河岛（River Island）、卡宾（Cabbeen）、速写（Croquis）等。

（1）简约有型——版型。休闲类男装中虽有复杂的版型，但简约的版型更胜一筹，是经久不衰的存在，在市场上更受欢迎。休闲类男装的版型常为简单的基本样式，却又跟随潮流将一些时尚元素放至简单样式中，不会像前卫风格男装那样夸张，却又有精巧的设计，消费者能够穿着得体又不落俗套、彰显自我个性又不失风雅，这是休闲类男装赢得青睐的主要原因之一。

如今市面上优秀品牌的新锐设计师大多都会采用解构主义理念，运用面料拼接、拼贴等手法创作，实现不同面料之间的融合和多种造型的结合。如时尚休闲新锐男装品牌速写，其设计作品就和这一概念相符，在简约、中性的廓型上，以趣味十足的拼接设计表达设计师对解构主义时尚美学的理解，使产品呈现出艺术、个性的差别化风格（图2-20）。

（2）素净雅致——色彩。休闲类男装在色彩应用方面多为简单的标准色系，再加上少许的当季流行色或炫目的颜色作为点缀，这是由于男性在社会中扮演的角色和其本身的心理特质所决定的。相对于女装颜色的多样，男装的色彩更偏向于简洁、素净的特点（图2-21）。休闲类男装的标准色一般以季节为划分点——春夏两季为浅色明亮的颜色，秋冬则深色大气的颜色较多。由于季节温度不同，春夏选择明度高、清爽的颜色会从视觉上让人感到凉快、轻松，而秋冬季节干冷，纯净的黑色、白色和高雅的灰色的运用相对较多，带给人高级、大气的感觉。这其中的影响因素包括流行趋势、服饰的更换率等。

图2-20　速写牛仔拼接外套

图2-21　男装色彩

（3）质朴无华——面料。休闲类男装可选用的面料多样，从成分看，天然纤维面料、再生纤维面料、化学纤维面料，到混纺面料、交织面料皆宜。如何做选择往往视品牌风格和产品类别而定，与时代潮流趋势和背景也有密切关联。

在追求绿色环保、生态发展的社会大背景下，休闲类男装在面料的选择上会倾向于以天然纤维纯纺面料或混纺面料为主，如棉、棉麻、棉氨、棉毛、丝毛等织物（图2-22～图2-25），以其质朴大气、自由舒适、亲肤透气的突出优势，传达出时尚休闲男装轻松随意、自然潇洒的气质，满足目标客户群的情感消费需求。

图2-22　人字纹棉麻面料

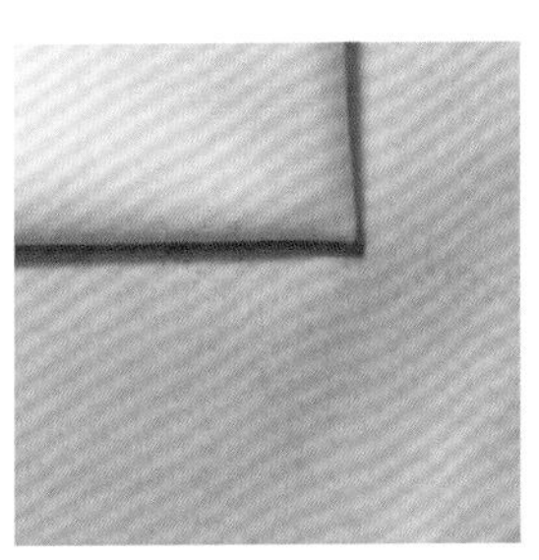

图2-23　棉面料

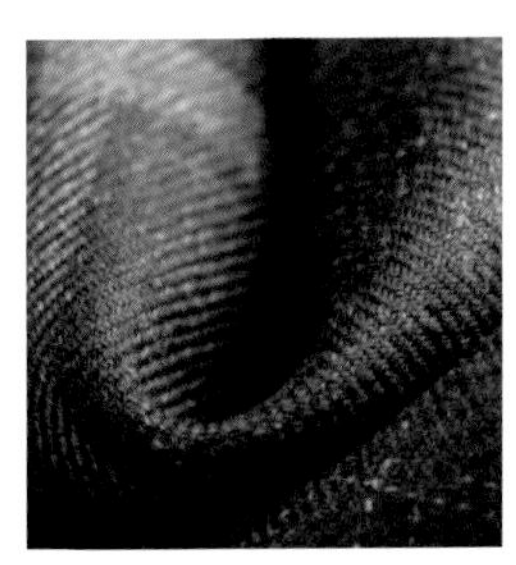

图2-24　毛织物麻

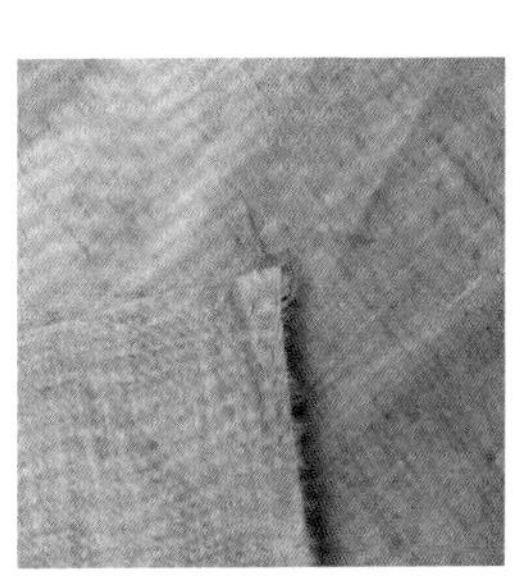

图2-25　麻面料

（4）张弛有度——装饰。休闲类男装在装饰设计上秉持适度原则，注重去繁就简，张弛有度，避免过多的装饰喧宾夺主。随着休闲类男装“雌雄同体”流行和中性化趋势，镶、拼、嵌、贴等传统工艺和印花、刺绣、水洗、植绒、扎染、皱褶等面料上的处理也出现在男装设计中，突破了面料之间实用的界限。

虽说在休闲类男装中有一定成分的装饰，但是休闲类男装的主要设计原则还是简约有度。在一款服装中选取少许工艺进行小面积的装饰就完全可以达到画龙点睛的作用。以四季作为分类标准，春夏休闲男装多用成衣印花和面料艺术再造装饰（图 2-26），秋冬休闲男装则更讲究通过含蓄、精致的缝制工艺求得变化，如缉明线、撞色滚边、刺绣点缀。有时为了达到整体和谐的效果，设计师还会利用面料异质同色的肌理对比，进行面料拼接的“轻装饰”设计（图 2-27）。

图 2-26　男装系列中的“印花”装饰

图 2-27　秋冬拼色男装设计

3. 典型单品

休闲类男装种类繁多，主要有以下几类。

（1）T 恤。T 恤英文名为“T-shirt”，俗称“汗衫”，属于套头衫一类，是休闲类男装中最基础的款式。市面上 T 恤常见的装饰为前片或者后片的图案设计，也有在领口、下摆或袖口处的小设计作为装饰。T 恤在面料的选择上一般为棉布，棉布透气、吸汗、弹力好的特点正契合了 T 恤的功能性。T 恤大多数情况下是作为春夏休闲单品，也有男士会选择纯色的 T 恤作为秋冬季节的内搭使用（图 2-28）。

（2）休闲衬衫。休闲衬衫区别于正式场合穿着的衬衫，而是指款式时尚、细节设计独特的外穿衬衫，无论从舒适型还是版型上来说更适合日常生活穿着。休闲衬衫在造型上保留经典衬衫的基本特征，有领或无领、有袖、明贴门襟、衣长及臀附近，一般梭织面料为主，为了符合绿色环保要求，近年的休闲衬衫在选材上多了很多棉麻等天然面料。通常意义上，休闲衬衫不同于经典衬衫，在款型上更倾向于宽版廓形结构，同时受解构主义等理念的影响，休闲衬衫出现了新的设计方向，尝试将肩部、腰部、袖口等结构打乱拼接，形成新的造型。在色彩上一般以素色为主。

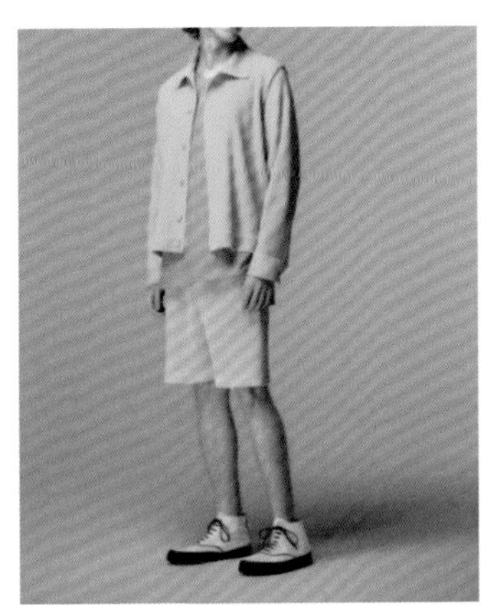

图 2-28　三宅一生 2021 春夏男装系列中将各色 T 恤作内搭使用

某品牌 2021 春夏男装系列中，上身都为休闲衬衫，在色彩的选择上都较为素雅，却在廓形上大不相同，图 2-29（a）为斜门襟无领休闲衬衫，图 2-29（b）为休闲衬衫对西装领的运用，图 2-29（c）为典型的解构主义，将寸领对开门襟衬衫的元素与扇形下摆衬衫相结合。

（a）斜襟衬衫

（b）西装领衬衫

（c）解构主义衬衫

图 2-29　某品牌 2021 春夏男装系列

（3）休闲西服。休闲西装是男士在休闲场合穿着的西服，由传统正式西服演变而来，少了些正式西服的严肃死板，多了些日常服饰的轻松时尚。近几年，设计师对休闲西服的理解越发摆脱了对传统西服的思维定势，逐渐脱离了传统的版型和规则，趋向于稍微正式一些的休闲外套，作为日常搭配。在款型上还是以 H 形为主，长度上有所减短，是作为叠穿的经典单品，层次感强。同时，对传统西服中垫肩的设计已在休闲西服中很少见，在面料上也会选择更为轻薄柔软的面料，更会有些许印花、刺绣、金属制品作为装饰。

图 2-30 为某品牌 2021 春夏男装系列中的休闲西服，其西服都为棉麻面料，在款型上有细节上的变化。图 2-30（a）在传统西服的基础上去掉了垫肩的设计，同时在细节上作了做旧处理，更能凸显系列所想表达的理念，图 2-30（b）中的休闲西服采用了面料的拼接，用代表活

力的牛仔与素净的棉麻面料做拼接，给人带来轻松感和舒适感，而图 2-30（c）中两件西服虽然在款型上没有做很大的改变，但是左边的一款选择了同色系深浅不一的不规则格纹面料，给整体带来跃动感和时尚感，凸显年轻气质。

图 2-30　某品牌 2021 春夏男装系列中的休闲西服

（4）夹克。夹克英文名为“Jacket”，原指箱型廓形，衣长及臀，紧袖口、紧下摆，克夫式样的上衣。翻领，对襟，多用暗扣或拉链是夹克的主要特征，由于其相对于西服更有延展性，便于日常活动，宽松的版型更具备年轻的气质而受广大男士喜爱。夹克有商务夹克和运动夹克之分，但在现在生活中对服装的因场合不同而穿着不同的要求并没有以前那么高，所以这两种类型逐渐趋于同质化。在款型上夹克的基本形制没有很大的改动，只是在局部或者小面积做精致设计来打破传统形式的古板质感，在色彩上除了黑、灰、卡其、军绿色这几种颜色，也有会藏青色、白色等更加年轻的颜色，类似于乔治·阿玛尼（Giorgio Armani）2022 春夏男士系列中出现的不少“非传统色”的夹克（图 2-31），其在基础的夹克版型上在门襟处做了小的设计，并以扣子代替拉链，领子处拼接了光面的面料，打破了整体的严肃感。而图 2-32 中的白色夹克更类似于“飞行夹克”的版型，衣长较短，下摆有松紧带的设计，巧妙的是松紧带选择了和裤子同色系的花纹，使整体更为和谐。

图 2-31　乔治·阿玛尼 2022 春夏男士系列

图 2-32　“飞行夹克”版型夹克

（5）风衣。风衣起源于军用堑壕服，是供堑壕用的防水大衣。最初的款式是前面为双排扣，领子能开关，有腰带，前后过肩，有肩章，在胸和背上有遮盖布，以防雨水渗透，下摆较大，便于活动，当时仅限于男士穿着。堑壕服式样的风衣随时代变迁，逐渐演变并流行到民间。

如今风衣已经成为大众衣柜中的必备休闲服装。风衣在色彩的选择上，最初是卡其色，如今大多以清爽的中浅色为主，也会因为场合的不同出现鲜艳的颜色甚至是有花纹图案的面料。大多数情况下风衣都有里料，一般会采用尼龙绸，既柔软滑爽，又能防止缩水，使风衣保持挺括版型（图 2-33）。

图 2-33　博柏利 2021 秋冬男装系列的各色风衣

（6）牛仔裤。牛仔裤英文名为“Jeans”，最早记载于 1567 年，是对来自意大利港口城市热那亚（Genoa）的商船水手们所穿裤子的称谓。从 19 世纪 60 年代利维公司开始使用“Jeans”这个称呼，在这之前被称之为“齐腰工装裤”或“裤子”。

市面上常见的牛仔裤由前后两裤片组成，前身裤片左右各有一只斜插袋，后片有贴腰的两个贴袋，袋口接缝处钉有金属铆钉并压有明线装饰，门襟为拉链的形式。由于劳动布、牛津劳动布等面料耐磨、耐脏、延展性高等特质，因此成为制作牛仔裤的最佳面料。牛仔裤的品质主要体现在面料、版型、洗水等方面。尤其是后整理阶段的洗水工艺，最具设计附加值，目的是人工做旧，让新制的牛仔裤具有一种自然穿旧的效果（图 2-34）。

图 2-34　某品牌 2020 秋冬系列中男装牛仔裤的做旧处理

第二节　按男装设计风格分类

现代男装的种类非常丰富，即使是同一种类的男装也包含众多款式。服装的分类历来有诸多不同的视角，比如历史发展进程、季节、面料、制作方式等。现有对男装的研究中，分类方式通常有多种，且每种分类形式都有对应的分类依据和分类方法。从现在男装的设计用途和设计风格，分别进行以下分类。

一、街头风格

街头风格也被称为嘻哈风格，诞生于20世纪70年代的美国，由于当时社会中嘻哈文化的流行，喜爱嘻哈的年轻人大力的追捧使之成为独具特色的一种风格。如今，崇尚街头风格的群体已经逐步形成了他们特有的审美观念与生活追求，其时尚前卫、叛逆独行的特点影响着越来越多的年轻人群。

1. 街头风格男装的定义

街头风格男装一贯都体现着一个特点——超大尺寸。大T恤、束脚裤、夸张的金属首饰、不合常理的搭配都表达出现代青少年彰显个性、追求自由的着装理念，给人最直接的印象是叛逆、玩世不恭。

20世纪90年代开始，各大男装品牌深受街头风格的影响，在产品的设计方面进行了巨大的改变，其中最受街头青年追捧的品牌属卡哈特（Carhartt WIP），被称为街头文化代名词（图2-35）。卡哈特在忠于传统工装坚实基础的同时，也将目标锁定到了热爱Hip-Hop的人群，并扩展到滑板、音乐、涂鸦艺术等亚文化领域。

图2-35 “AMERICAN SCRIPT”系列产品展示

2. 街头风格男装的发展及特点

街头风格的男装起源于20世纪中后叶的美国。由于服装款式宽松肥大的特点，穿着方便使用，同时普通人也很容易模仿，所以在街头风格服饰流行之初就赢得了众多青少年的追捧，呈现出缤纷多彩的景象。21世纪的今天，街头风格渗透各服装品牌，街头风格服饰的始祖有Supreme、Vetements、Stüssy、Undercover等。品牌之间也会有联名的产品（图2-36）。

街头风格男装从披头士开始，经历了嬉皮、朋克、雅皮，布波族，每个阶段都受其社会背景影响，向人们诉说着每个社会发展阶段的不同特点。街头风格男装主要具备以下特征。

图2-36 Supreme与Stüssy的联名T恤

（1）造型特征。在标新立异、反叛的嘻哈思想影响下，街头风格男装的造型轮廓宽而大，形成超大尺码、松垮、随意中凸显个性的趋势，整体线条简洁直挺，更能够表现男性的粗犷之感，版型简单，大致以宽版大T恤为主（图2-37）。这一造型趋势也契合街头男性对服装舒适性、弹性的需求，又符合街头男性对自由、自我精神的追求特性，一度受到街头男性的追捧。与此同时，今天市面上的街头风格男装，在造型的设计上还讲究细节上的变化，更注重日常生活化的功能，消费群体日渐扩大。

图2-37　街头风格的超大尺码T恤

在结构线的设计上，直线分割在街头风格的服装中运用较多，或者在分割部位用嵌线等工艺手法以线的形式表现，成为街头风格男装设计的特色；在领部设计上，街头风格男装中最常用的是无领、圆领、连帽领、立领这几种造型；在袖子的造型设计上，由于喜爱街头风格的青少年一般多会参与街头运动，所以在袖子的设计上会以宽松舒适为主，类似装袖、插肩袖在街头风格男装中最为常见。除此之外，口袋设计也是街头风格男装设计中的一大亮点，除了口袋本身具有的功能性外，街头风格服装中的口袋体现更多的是装饰功能，大体积的口袋是街头风格裤装中的标志性设计（图2-38）。

（2）色彩特征。街头风格服装是在街头文化，如音乐、滑板运动、涂鸦等的影响下孵化出来的。所以，影响街头风格服装色彩变化的因素必定也是这其中之一。这些艺术活动诞生的最初目的是为了吸引社会人群的注意力，希望得到大众的关注。而街头风格男装常选取艳丽夺目的色彩正是源于这些心理，甚至有时是选取几种醒目色彩进行撞色，有时是强烈的冷暖色对比形成反差（图2-39）等，以此达到抓住人眼球的效果，在人群中彰显自我个性和个人思想，展现个人魅力。

图2-38　某品牌2019秋冬男装系列中的“大口袋”设计牛仔裤

图2-39　某品牌2019秋冬男装系列中上衣的“冷暖撞色”设计

（3）面料特征。如今街头风格的男装面料种类繁多，由于街头风格自带的独特属性，在面料的选择上也是大胆而随性，除了棉麻、皮革、化纤等基本面料，各种新型面料也屡见不鲜，如涂层砂洗面料、桃皮绒、胶原纤维面料等。在选择街头风格男装的面料时，常会考虑面料的吸汗性能、透气性、伸缩性等。随着科技的发展和革新，越来越多的新型纤维出现在各大品牌的时装发布会中，所体现的效果让观者眼前一亮。如美国杜邦公司开发的纤维手感柔软、光泽优雅，与棉、麻、丝等混纺或交织的新型面料就被广泛采用，加入的高科技使面料的吸汗性更好，即使在炎炎夏日也可以感觉清凉。同时，对面料的改造也是近年流行的手法，通过印花、拼接、水洗做旧、涂层等手法对面料进行二次处理，可以使得面料更具立体性、更能表达主题思想。

（4）图案特征。街头风格服装刚出现时是为了宣扬鲜明的个性和态度，所以会在服装上印有标志性的文字和图案，这也就成了街头风格服装最典型的特征和一种重要的表现形式。图案的样式繁多，常为一些有强烈冲击力的图案，题材丰富，表现形式多样，有动物、字母、数字、植物花纹等；除此之外还有抽象的图案，主要是以点、线、面的形式排列组合而成（图 2-40、图 2-41）。

图 2-40　街头风格男装的图案特征——植物和文字

图 2-41　某品牌 2019 秋冬男装系列图案特征——标志和抽象图案

（5）配饰特征。在街头风格男装的配饰中大多为较夸张夺目的物件，如各种样式的金属项链、粗犷的戒指、遮住半张脸的墨镜和帽子、花色明显的包头巾、有醒目标志的腰带等，也有些特别追求潮流的男士会用耳机作为搭配，不同款式的包也比比皆是，这些配饰是让街头风格男装元素更加多元的关键，也是整套搭配成功的关键。一般选择金属配饰会以夸张的、带有标志性的物件为主，在街头最多的是十字架的项链、骷髅造型的戒指、美元符号造型的项链等。大项链打造的视觉效果也正好切合了街头音乐，以及这些街头青年们不羁、张扬的个性，街头音乐的节奏感也在律动的舞步和摇摆的服饰间被展现得淋漓尽致。

二、学院风格

1. 学院风的定义和起源

学院风是以美国“常春藤”名校校园着装为代表的一种着装风格。在 20 世纪 80 年代极为流行（图 2-42、图 2-43）。其特点是衬衫配毛背心或者 V 领毛衣的装扮。学院风在校服的基础上进行改良，充分表现出年轻学生的时尚、可爱、青春气息。

图 2-42　耶鲁大学学生听课现场

图 2-43　20 世纪欧美国家学生日常穿搭

如今学院风并不仅仅指的是学生校服，更是一种借鉴学生校服的独有风格和穿衣形式。在市面上被大众认可的学院风服装品牌有“学院风之父”拉夫劳伦（Ralph Lauren）、法国鳄鱼（Lacoste）、汤米·希尔费格（Tommy Hilfiger）等。它们共有的特点就是绣花胸章的西装、V 领针织衫、Polo 衫、牛津裤等。

2. 学院风男装的类型

（1）预科生学院风。预科生学院风最初是指美国富人家庭的孩子从私立高中毕业到进入常春藤名校前，这时期在预科学校穿着服装的风格。代表的是斯文、内敛、不张扬的品位。这些学生大多喜欢穿着休闲外套、衬衫、Polo 衫、卡其裤等，在颜色的选择上大多以深蓝、驼色、白色等为主。同时，在不同的活动和场合会选择不同的搭配：在休闲活动时一般会选择格纹衬衫搭配针织背心或者宽松毛衣，穿着牛仔裤或卡其短裤；而在学院晚宴或正式活动时，会选择素色衬衫搭配西服，条纹领带是最经常出现的单品，也会选择长的条纹围巾作为搭配。预科生学院风最初出现在时尚圈的是马克·雅克布（Marc Jacobs），它的出现在时尚圈掀起了轩然大波，各大品牌纷纷效仿，对男装品牌的影响最为明显。西装、板球毛衣、美式衬衫、大衣等时装单品，也构成当时时尚潮流的关键词。

（2）英伦学院风。英伦学院风最早源于英国剑桥大学的学生，他们的穿着既要符合学生穿着又不能掩盖了贵族的身份。而在服装的设计上，既要满足学生的运动需求，又要体现学院学习的严谨性，还需要有一定的潮流时尚性。英伦学院风男装最主要的是剪裁的方式和面料的选择，这两点是体现品位和品质的关键。在英伦学院风男装中主要包括格子衬衫、背心、苏格兰呢裤子、带有徽章的西装外套。在颜色的选择上，一般以黑、白、枣红、藏蓝为主，最有代表性的是菱形格纹这种图案要素。在配饰的选择上，选用手表、围巾等。英伦学院风男装最大的特点是外套上的徽章，徽章代表着贵族风范，一般为领主徽章和家族徽章，或者是国王赐予的徽章。

（3）现代学院风。现代学院风男装，时髦感是其最大特点，追求精致感，注重细节，一般由 T 恤、羊毛衫或者衬衫搭配短裤、长裤或者西装裤。这些不同的单品在组合方式上会更多元，如涂鸦 T 恤作为内搭，穿“花裤”，尖头皮鞋。在配饰搭配上更是多变，领结、礼帽、胸针等层出不穷。

3. 学院风男装单品

（1）Polo 衫。Polo 衫被称为最为经典的学院风男装单品，能够符合各种场合的穿着需求。纯色和条纹是最为常见的。

（2）衬衫。衬衫是学院风男装中必不可少的，可作为四季穿搭。格纹类的衬衫是学院风男装最受欢迎的休闲衬衫。

（3）针织背心、毛衣。毛衣和 V 领背心独具的慵懒风和休闲感使得其成为学院风男装中搭配的最佳选择。常见穿法是毛衣内搭衬衫，衬衫的衣领显露在外，不乏文艺气息，可以很“减龄”。

（4）连帽卫衣。连帽卫衣属于较为时尚的学院风男装，在时尚圈中不会被淘汰，给大众的印象就是“减龄”、青春、百搭。连帽卫衣与棒球外套、大衣等搭配都可以轻松打造出青春、慵懒的学院风，甚至和严肃的西装也可以作为一种独特的搭配方式。

（5）卡其裤和灯芯绒裤。卡其裤和灯芯绒裤是学院风男装中的重要单品。卡其裤与衬衫一样具有百搭的特点。灯芯绒裤是冬季常见的单品，通常与花呢夹克和费尔岛纹毛衣进行搭配穿着（图 2-44 ~ 图 2-46）。费尔岛纹毛衣是学院风格中的重要单品，常常会与格纹外套、格纹或者灰色羊毛西裤、温莎领衬衫、八角帽等进行搭配。

图 2-44　费尔岛纹毛衣搭配灯芯绒裤子

图 2-45　学院风男装中的花呢夹克

图 2-46　学院风男装中的费尔岛毛衣

（6）布雷泽外套。海军蓝色的布雷泽（Blazer）外套是经典的学院风格外套，通常与灰色羊毛裤西裤或卡其裤进行搭配，在学院风格中具有强烈的标识性（图 2-47）。

图 2-47　学院风男装中的藏蓝色布雷泽外套和条纹领带穿搭

（7）棒球夹克。棒球夹克是学院风中的必备单品，是学生们青睐的一款休闲服装，通常与衬衫、渔夫毛衣、牛仔裤搭配（图 2-48）。

（8）渔夫毛衣。渔夫毛衣也成为绞花纹毛衣，起源于爱尔兰，也是学院风男装中的典型单品，可以搭配卡其裤和衬衫（图 2-49）。

图 2-48　学院风男装中的棒球夹克穿搭

图 2-49　学院风男装中的渔夫毛衣穿搭

三、工装风格

1. 工装风格的定义

工装是重要的一种服装类别，是技术服装、工作服、劳保服、制服等工作服装的统称。工装是区别于传统服装的近现代服装类型，最早出现于 1750 年左右，作为防止马裤和长筒袜磨损的防护服使用。紧接着第一次工业革命爆发，手工生产逐步被大机器生产所取代，底层劳动者转向工作于各个工业化企业，工人数量逐渐增多，开始在工作时穿着耐磨、耐用的防护服。18 世纪 60 年代“overalls”即“工装”一词出现于某英文作品中，文中对“工装”一词的解释是奴隶穿着的防护工作服。直到 20 世纪 20 年代第二次工业革命爆发，工装才开始批量生产。如今的工装常作为一种穿衣风格出现在大众视野中，尤其对男装风格的影响深远，形成了独特的工装风格男装。

2. 工装风格男装的基本特征

（1）面料特征。最初工装的面料大多选择丹宁布、帆布、粗纺棉质等，是为了满足穿着者劳动的需求。其中丹宁布也就是牛仔布是最为普遍的工装面料，由于它耐磨、柔软舒适的特性，符合当时农场工作人员的需求。除此之外，面对不同工种的需求，工装在设计上会选择不同的面料。而如今的工装不仅指工装这一类服饰，更多的是指代工装这一风格，指具有工装特色和风格的一类服装。所以如今设计师在面料选择上不会受限于特定的工作需求，选择的面料也更为多元，甚至会选择绸缎、聚氨酯（PU）等面料，也会通过置换面料符号的手法，从质地上打破人们固有观念中对工装的印象，从而传达某种解构或者融合的概念。

（2）色彩特征。工装在初始多以深蓝色为主，这是由工业革命初期经济水平所决定的。“普鲁士蓝”是当时最早的化工合成染料，也是当时工厂经济水平所能够承受的基础染料。其次，深蓝色工装的耐脏功能对于工人来说是最好的。从心理层面上说，深蓝色代表着平静，可以感染处于生产线的工人。随着西方跨国企业在全世界的扩张，在20世纪20年代，区分劳动阶级的“蓝领”一词出现。如今的工装会根据工种的不同进行色彩的选择，一般有蓝色、棕色、橙色等。而工装风格的男装在色彩的选择上更是多变，符合时尚潮流趋势，色彩是明是暗、是鲜艳还是素雅全凭自己喜好，甚至会出现多种颜色的拼接和撞色。

（3）款式特征。早期工装的设计是出于对工作需求的满足，所以在设计中会出现大口袋，为的是便于工人放各种工具和零件（图2-50）。口袋是工装不可或缺的一个要点元素，不论是工装的连体裤，还是夹克、背带裤、风衣等不同类别的款式。随着工装的发展，大口袋、多口袋的设计也就成为工装区别于其他类别服装的标志。在现代的工装风格男装中口袋的设计也是一大特点，不仅满足放置需求，还能使整体造型元素更加丰富。除了口袋的设计外，工装风格服装在款式上还有更多的细节特征，如袖口的束紧针织设计、腰部袖口等部位的抽绳设计、上下服装的连体设计等。工装在制作工艺上的缝合要求较高，多采用牢固防脱线的双车走线明包缝的工艺，这一工艺也被应用到现代服装设计中，许多工装风格的服装也因做了大量的明线处理使得工装感更为直观（图2-51）。

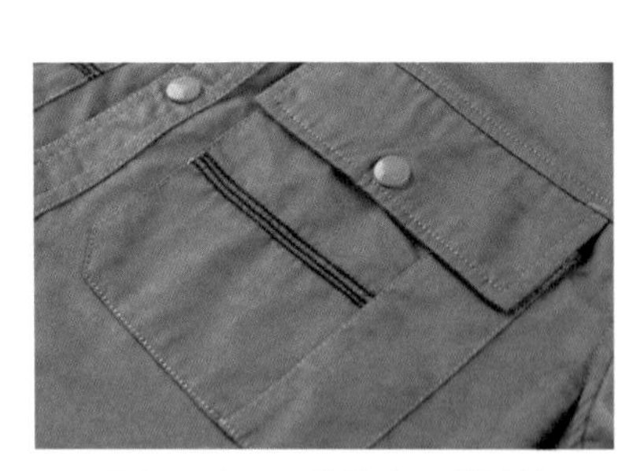

图2-50　工装的大口袋设计

图2-51　字母印花工装外套明线处理

3. 工装风格男装的品牌

工装风格男装的品牌大相径庭，有经营百年的经典工装品牌，成为日常服装品牌选择中的中流砥柱，并为工装在消费者中的接受度与好感度不断做出推陈出新的努力；也有来自于时尚行业一线的年轻设计师品牌，对工装有着特殊的热爱与思想认知，并带有强烈的个人风格，成为引领工装风格时装的潮流新风向。以下对国内外工装风格男装品牌中几个典型品牌进行介绍。

（1）初代工装品牌——Carharrt、李（Lee）

① Carhartt。Carhartt 是由汉密尔顿·卡尔哈特（Hamilton Carhartt）于 1889 年在美国密歇根州迪尔伯恩创立的品牌，成立初期主要是为体力劳动者生产工作服。Carhartt 品牌生产的经典美式工装因它耐磨损、宽大舒适的特点为户外活动者争相购买。Carhartt 以其宽大、防风、防勾挂的重型工作夹克而闻名，曾在 2014 年电影《星际穿越》中被作为男主角的主要服装来使用。同时，Carhartt 于 1997 年建立 Carhartt WIP（Work In Progress），该系列以独具一格的棕色工装在当时丹宁布工作服垄断的市场中杀出重围，成为人们眼中的新生代产品并掀起了一股工装改革大浪潮，推动了工装产业的发展。

② 李。1889 年 H.D. Lee Mercantile 公司成立于美国堪萨斯，在 20 世纪初才有了李这个成衣设计品牌。该品牌最具有特点的是其成立之初就推出的具有防护性的 Bib 背带工装裤（图 2-52），多口袋的设计不但便于工人工作也成为李的经典款式之一。

连体工装“Union Alls”1913 年的面世更是使得李名声大噪（图 2-53）。从 20 世纪 80 年代开始，李做出了生产品牌上的转型，由工装生产制造类品牌转向成为时装品牌，推出了石墨牛仔裤等潮流单品。

图 2-52　Bib 背带工装裤

图 2-53　连体工装“Union Alls”

（2）国内新锐工装品牌——DANSHAN、VERMICELLI

① DANSHAN。DANSHAN 品牌成立于 2016 年，由两位中国设计师刘丹霞与黄山鹏创立。刘丹霞表示：“现在做女装的很多，为女性发声的也同样很多，而男装更能表达我们想要传达的理念和故事。”DANSHAN 2021 年秋冬系列以“sentience”为主题表达同情和善良的重要性。系列带来了短款外套、做旧阔腿裤等单品，选取具有垂坠感的真丝面料，辅以繁复精密的刺绣工艺。而在 2019 年秋冬系列中有工装短款外套、工装风格长裤等，选用舒适的面料，在剪裁方式上做了与以往不同的创新（图 2-54）。

图 2-54　DANSHAN 2019 秋冬系列中的橄榄绿短款工装外套和大口袋

② VERMICELLI。VERMICELLI 是 2013 年由主理人 Fenapy 创立的国潮工装品牌，简称 VMCL。VMCL 品牌以工装风格为主，在国内工装品牌中拥有一定知名度。一直以来，VMCL 品牌主打工装裤和工装夹克，其中工装裤的版型从当初偏宽松的版型慢慢趋于合身的版型，在风格上更偏向于中性。

（3）国外知名工装品牌——迪凯斯（Dickies）、BEN DAVIS。

① 迪凯斯。迪凯斯是美国工装三大品牌之一，成立之初是一家生产背带裤的公司，后来凭借其多变的款式、精良的剪裁、耐用的质量成为世界著名工装品牌，不仅在市场上占据一席之地，同时也是街头潮流中的龙头老大。以它的品质、价格、舒适度和标志性外观成为一个生活方式品牌，更成为一种美国精神的标志（图 2-55）。

图 2-55　迪凯斯 2020 年秋冬系列男装

② BEN DAVIS。被称为西海岸工装文化的 BEN DAVIS，是 1935 年由本·戴维斯（Ben Davis）创立的。早期是牛仔裤品牌李维斯的布料供给商，后来开始制造建筑工人穿着的耐用工装，经过不断的发展，一代经典潮牌的历史也就此拉开序幕。在 20 世纪 90 年代该品牌被称为美国的“Chicano rap”文化元素之一，被众多街头青年所追捧，开始大放异彩（图 2-56）。

图 2-56　BEN DAVIS 夹克上衣

四、军装风格

1. 军装和军装风格的定义

军装，字面意思可解释为军队的制服，是军队中军人所穿着的服装，有区别于其他服装的庄严感和纪律感。而在古代，军装也指军事方面的装饰和装备，就如唐代杜甫《扬旗》一诗中提及：“初筵阅军装，罗列照广庭。庭空六马入，駊騀扬旗旌。”而如今的军装风格服饰，大意是指运用军装的元素进行服装设计的服饰。军装元素大体为军装的廓型、面料、色彩、口袋、肩章等。国际上军种有陆军、海军、空军三种，而这三种军装的特点一致，都有垫肩、肩章、贴袋、金属纽扣、戗驳领等。军装风格的男装在设计中会在这些元素的基础上更强调服装的功能性，也会配以马丁靴、大容量的包、手套等附属品。

经济基础决定上层建筑，由于社会经济的不断发展进步，带动了政治、文化等方面的变革，人们对服装的认知会因此而变化，军装风格服装的流行一般与社会因素有很大关联，战争会对服装产业产生影响，就如同经济水平对女装裙子长短的影响一样，又如上世纪流行的迷彩服、解构形式的军装的出现都是由于战争的爆发和人们反战情绪的高涨。服装在发展过程中，受到了很多军装的影响。现如今，军装风格服装的出现也不仅仅是因为战争。现代男装中的很多元素借鉴了军装的版型、面料、色彩、金属纽扣等装饰性元素。

2. 军装风格男装的分类

（1）按军种分类。随着现代男装对设计风格的细分，军装风格男装按军种可以分为陆军风格男装、空军风格男装和海军风格男装三类。

① 空军风格男装。空军风格男装是在设计中运用空军军装元素进行设计的男装。空军风格男装最常借鉴的是飞行员的夹克、宽松的大口袋设计的裤子、墨镜、靴子等元素（图 2-57、图 2-58）。在现代空军风格男装设计中最为典型的单品为飞行夹克、短款大衣、雷朋墨镜等。

图 2-57　穿着 07 式空军飞行服的战士

② 海军风格男装。海军风格男装一般指的是运用海军风格军服中元素进行设计的男装。而在海军风格男装中最具特色的是牛角扣粗呢外套和蓝白条纹的水手服。

③ 陆军风格男装。陆军风格男装指运用陆军军服的设计元素进行服装创作的男装。其中有军官风格男装和作战风格男装之分。军官风格男装主要以陆军军官的服装作为灵感来源，更为庄严挺拔、英姿飒爽。而作战风格男装常运用陆军常服或作战服元素进行设计，如迷彩元素、卡其元素等。

图 2-58　穿着 59 式冬飞行皮服的战士

（2）按款式分类。军装风格男装按款式可分为经典军装风格男装和前卫军装风格男装。

① 经典军装风格男装。经典军装风格男装在款式上一般较为保守，保留一定的传统军装形制，整体造型更为板正，凸显军装所特有的庄严感和气质，不会为潮流所变。经典军装风格男装在设计中会使用线造型，主要是为了区分功能性和装饰性。另一种处理手法是面造型，相较于线造型更显得规范。

如今的经典军装风格男装主要是受复古思潮以及传统军装的影响，在设计上偏于正统、保

图 2-59　单一色彩经典军装风格男装

守，整体形制简约而精致。在面料的选择上则是用尽其优，保留了翻驳领、贴袋、腰带等传统的设计元素，只在一些细节处做变动，如领子大小及其形状、扣子的排列方式、口袋的形式大小和组合方式等。在色彩的选择上，多以稳重深沉的颜色为主，大多为单一的色彩（图 2-59），能更好地体现经典军装风格男装简约、大方、庄重的特点。

② 前卫军装风格男装。前卫军装风格男装是现代军装风格男装中最别树一帜的款式，相比经典军装风格男装，它敢于突破陈旧的设计形式，整体风格时尚而另类，有设计师对军装独到的见解。

前卫军装风格男装包含了多种艺术类型和风格，并结合了各类街头时尚，有多重表现手法，其中不乏幽默、讥讽等表现手法。前卫军装风格男装是多种风格相融合的产物，尤其是朋克对其影响颇深，并且在 20 世纪六七十年代诞生了朋克军装。皮毛、拼接、镂空、印花等面料的运用技法被使用在军装风格男装的设计中，夸张的首饰如金属臂饰、铆钉、金属腰带等在军装上显得和谐而又张扬，产生一种经久不衰的独特风格。

3. 军装风格男装单品

（1）夹克。夹克是现代男性最常备的外套款式之一。它起源于第二次世界大战中陆军军服。传统的夹克款式单一，没有过多的装饰性元素，更注重服装的实用性和功能性。在短款夹克中最常见的设计是口袋，既可以满足实用性原则，又在一定程度上起到了装饰作用，令整体造型显得休闲轻松。除此之外，短款夹克一般都会使用拉链，使得穿脱更为简便易行。飞行夹克就是军装风格男装中的代表，类似于第二次世界大战期间英美军穿着的翻毛皮夹克，其中以美军 B-3 飞行夹克最为著名，其特点是大翻领、皮毛一体、翻领上有双排皮扣，扣紧可挡风御寒，十分保暖，而近几年的 MA-1 飞行夹克也是大为流行（图 2-60）。

图 2-60　MA-1 飞行夹克

（2）卡其裤。卡其裤的发展过程随着军队制服的演变而变化。卡其裤最初是用于军队制服，由于其宽松舒适的特性受到一众爱好探险的消费者追捧。随着卡其裤的发展和改进，其中的一些元素逐渐被运用到如今的休闲男装设计中。

（3）迷彩服。在军装风格男装中，迷彩元素是重中之重，在每年的秀场上都会出现迷彩元素的身影。迷彩起源于现代军装，而迷彩元素的大肆流行源于街头文化的崛起，由于其耐磨性高、价格低、彰显个性等优势深受街头青年的喜爱。

（4）海军衫。海军衫也被称为“海魂衫”，最初是用来给水手贴身穿着的服装，其特色就是白蓝相间的条纹衫。现代男装中，海军衫的蓝白条纹已经被认为是一种复古元素，作为一种经典的服装款式或者纹样，被广泛运用在男装设计中，代表着活力、青春、蓬勃气息。

五、中性风格

1. 中性风格和中性风格男装的定义

中性的英文为“unise”，释义为处于两种相对性质之间的性质。中性风格指的是无显著性别特征的、男女皆适用的服装样式和风格。

中性风格男装是指把一些女性化的元素如款式、面料、色彩等运用到男装当中使男装更加合身、亮丽。必须指出的是，中性风格男装并不是抹杀男装而是指在男装的基础上借鉴、吸收女装的某些特点。中性风格男装设计研究的宗旨并不是抹杀现有男装样式的存在，更不是要得出中性风格男装将是未来男装流行的趋势，而是将中性风格男装作为一种文化服饰现象加以归纳和总结找出规律性的东西。

2. 中性风格男装的发展过程

20 世纪中叶男性在着装方面有着严明的范式，更多的是受身份地位的约束，为了区分不同的阶级甚至对服装的面料也进行了严格的规定。而到了 50 年代末，受社会经济水平和文化的影响，男性着装趋于随意多元，在男装的面料上也有了重大突破——出现了一贯被认为是女装专属的面料，如天鹅绒、纱织品、蕾丝等。60 年代初期，年轻男士对着装的选择更为个性化，整体男装造型趋于修身合体，此时在大街上高腰裤、尖头皮鞋、引人注目的皮带随处可见，具有代表性的是 60 年代的时尚代表人物甲壳虫乐队（The Beatles）（图 2-61）。

图 2-61　20 世纪 60 年代的时尚代表人物甲壳虫乐队

20 世纪 60 年代末 70 年代初，年轻男性的穿着更具备女性化特征，颜色艳丽的高腰紧身喇叭裤、荧光色 T 恤、花衬衫成了男性标配，首饰也开始在男性中流行（图 2-62）。80 年代后则出现了颜色大胆的宽裤，更是有了男女同款的现象。

六、国潮风格

1. 国潮风格和国潮服饰的定义

国潮是 21 世纪初形成的一种以潮流文化为背景的社会现象。国潮服饰主要是指现代人将带有中国古代文化特色的元素与现代元素相结合创造出来的时尚单品。现今，我国服装市场上的大多国潮服饰都会选择以传统文化或特色元素作为设计的灵感来源，以现代新兴的创作手法和处理方式对传统文明进行再创造，重新唤起大众对传统文化的热爱。许多设计师通过国潮服饰来传达对中国传统文化的理解和喜爱，利用不同的色彩和面料搭配，展现中国传统文化的靓丽面貌，这契合了当代年轻一代消费者的心理和消费观念，成就了这一股长盛不衰的“国潮热”，国潮服饰和品牌在市场上逐渐占据一席之地。

图 2-62　20 世纪 70 年代服装产品宣传册

2. 国潮风格男装出现的原因

（1）文化传承的源动力。美国的黑人街区是现今潮流文化的发源地，他们通过简单的元素和色彩的搭配来向大众宣示个人的价值观和文化观，彰显个性和时尚。所谓国潮风格男装，是指具有中国传统元素风格又不失现代设计手法和时代潮流的男性服装。近几年国潮风格男装的应运而生使得中国在国际服装市场上具有了绝对的影响力，同时国内的服装市场也在不断的开发和创新国潮品牌。出于对中国优秀传统文化的传承和发扬以及国民对传统文化再现急切的要求，国潮风格男装以一种新兴的形式成为国内原创产品的主流。

（2）经济政治发展的助力。21 世纪我国的经济水平逐步提高、综合实力快速提升燃起了国民强烈的文化自豪感和民族自信心，不再盲目崇拜外国，而是在岁月和时代的更替下，更加追求国潮的发展和完善。国家经济的发展在很大程度上推动了政治的创新。政府在很大程度上对发扬中国传统文化的企业和活动提供支持和保障，这也促使了国潮风格男装的快速发展。

（3）消费主力的推动力。目前我国消费主力军逐渐从“80 后”变为“90 后”“00 后”，这个年龄段的消费者更能突破保守的模式，接受新生的事物。由于我国国力的昌盛、国际地位的稳步提升，使得这些年轻人更愿意去探索中国的传统文化。在某种意义上会促使他们打破传统的消费理念，形成爱国、爱传统文化的消费观和价值观，产生新的消费行为，驱使我国的男装市场向国潮风格迈进。

第三章
男装设计原则与方法

男装设计是一种创造性工作，它需要强烈的创新意识，需要设计师在日常生活中感悟生活，感知世界，生活中存在着无数的设计题材，可以引发无尽的创作灵感。设计灵感的闪现源于设计师对生活和设计事业的热爱，它不是凭空而来的，需要长期专注于某一事物，在不断的探索追求中，才会有灵感的迸发。本章将从设计原则、思维与构思方法的角度探讨男装设计创作过程。

第一节　男装设计原则

成衣定位是指生产成衣的目的性。不同品牌的成衣有着不同的定位，如风格定位、价格定位、年龄定位、性别定位、区域定位等。成衣设计的动机和目的是设计师必须考虑的，目的明确是设计的大方向，也只有明确了设计的大方向才能目标清晰地去考虑设计的效果。

一、TPO 原则

TPO 原则在 1963 年由日本男装协会作为年度流行主题提出，通过确定男装的国际准则，以提高人们的整体着装形象，这为当时日本国内男装市场的细分化趋势提供了指导，TPO 原则的影响力也随之扩大到整个国际时装界。当然，由日本提出的 TPO 原则并非东方服饰的着装原则，而是源于欧洲的“国际着装惯例（The Dress Code）”原则，是西式服饰礼仪的重要准则之一。

如今 TPO 原则已经成为国际公认的现代着装准则。它的 3 个缩写字母分别代表的是时间（Time）、地点（Place）和场合（Occasion），这 3 个要素旨在说明人们所选择的服装要符合着装时间、地点和场合的要求，不是传统认知上的服装搭配和挑选原则，而是使人们的着装更符合礼仪规范。

TPO 原则象征着一种文化模式，一种生活态度，体现了个人的素养和社会的发展。

服装对穿着对象的形象有着巨大的影响，穿着者的打扮必须考虑是什么季节、什么特定的时间，比如说工作时间、娱乐时间、社交时间等。由此得知，一个人身着款式庄重的服装前去应聘新职、洽谈生意，说明他郑重其事、渴望成功。而在这类场合，若选择款式暴露、性感的服装，则表示自视甚高，对求职、生意的重视，远远不及对其本人的重视。TPO 原则具备以下特性。

1. 科学性

TPO 原则所实施的划分标准具有严谨的科学性和规范性，囊括了男装所有不同品类的设计和搭配方式，依此构建出外套体系、礼服体系、常服体系和户外服体系四大男装体系。时间、地点和场合的设定不是随意捏造的，都是实际存在的，并通过一套严格的选择与执行标准来实施，如正式场合与非正式场合的男装品类，以及男装设计特点都是完全不同的。根据这一原则所划分的男装分类体系更为细致和专业，也更符合实际生活的需求。另外，TPO 原则的科学性内涵成为影响现代男装设计的重要原则之一，更贴合现代服饰文明的特性，既尊重民族服饰着装习惯，又展现了现代男装发展的历程。

2. 可引导性

现代中式男装设计在多元文化的影响下融入了许多新的设计观念，TPO 原则成为核心的着装指导思想。这一理念旨在改变人们乱穿衣的现象，引导人们在适当的时间、地点和场合穿着合适的服装，不仅有利于约束人们的着装行为，还能提升人们整体的品位和审美，体现出良好的文化素养。

3. 可变通性

TPO 原则并不是故步自封，或是一成不变的，而是具有很强的变通性，它的范畴和外延也在不断扩大，成为世界公认的国际着装惯例，在现代服装发展中拥有举足轻重的影响力。非发源地的国家和地区在借鉴和运用 TPO 原则时，融入本土着装习俗与文化并不是意味着推翻固有的着装规范和准则，而是在不打破原规则的基础上，延伸 TPO 原则的内涵与外延。TPO 原则既不与各地域、各民族的着装习惯产生冲突，也不受国家、民族和地域等因素的制约，成为具有可变通性的原则。

下面以燕尾服为例说明 TPO 原则特性的具体体现（图 3-1）。燕尾服被国际社交界视为第一晚礼服，由于特殊礼仪、传统规范的制约，其构成形式、材质、配色、配服、配饰均有严格的限定，被视为礼服格式化的典范。燕尾服在裁剪上最鲜明的特征是维多利亚结构，黑色为标准色，配服主要有白色有领背心、无装饰典型领衬衣、双侧章裤子，标准配饰有白领结、漆皮鞋和扣饰，面料则主要采用呢子。由于燕尾服属最高级别晚礼服，因此它的禁忌最多，可变通空间最小，并且在变通时有较强的规范性，即在保持其完整性和纯粹性的基础上可进行有根据的设计。

图 3-1　燕尾服

设计师在掌握这些符号和规则后可以进行重新编码并加入新的设计意图，经过加工、处理、外化再次组成新的概念从而产生新的设计成品。例如，在遵循燕尾服 TPO 原则的基础上，借鉴同是晚礼服的塔士多礼服的款式特征。如在造型上，青果领领型的燕尾服配白色卡玛绉饰带可以说是美国化的燕尾服，体现了燕尾服简化的趋势。而黑领结、漆皮鞋、单侧章裤子和卡玛绉饰带这些塔士多礼服元素在燕尾服中也可见到。但根据规则，燕尾服黑白搭配的惯例不能改变，即避免使用黑色领结，若使用卡玛绉饰带，应用白色。因此，在国际社交界“系白色领结”专指燕尾服，“系黑色领结”专指塔士多礼服，在概念设计时这个规则也不会打破。

一个高级的时装设计成品一定承载着与 TPO 原则相关的文化历史信息，由设计师转达给消费者进入符号的解读系统之中。符号解读的实质也就是理解，即设计过程完毕之后，信息受众将符号的感观刺激内化为 TPO 意义的过程。由于设计师和使用者都是社会中的一员，TPO 语言使他们心有灵犀，解码后的信息就会随之进入社会生活，将社会效应反馈给设计师。而对于整体的服装 TPO 原则来说，当这些信息转化成经典服装现象中的一部分时，一种 TPO 新概念便产生了，这就完成了信息传达的完整环路。

二、5W1H 原则

5W1H 原则主要是用于在进行服装设计前所需要注意的各项问题，包括何人（Who）、何时（When）、何地（Where）、为什么（Why）、怎样（What）、多少（How）。

1.Who

Who 指被设计穿着的对象，主要在服装设计前期考虑穿着对象的年龄、性别、体型、职业、肤色、个性等特点。设计理念对设计起着根本性的指导作用，现在绝大多数服装企业的设计师都是服装专业院校培养出来的，或曾通过不同形式接受过服装专业院校的专业培训。在服装专业院校中，服装设计理念教育是重要的授课内容之一，但学校毕竟不是企业，现实中服装专业院校与企业沟通的力度往往不够，还须不断加强。

设计师在设计成衣时需对企业的销售定位有一个清醒的认识。服装定位是多方面的，主要包括性别定位、年龄段定位、消费层次与价格定位、销售区域定位、服装性质定位等，这些成衣设计的定位是设计师必须要掌握的，也是设计成衣最基本的前提。

2.When

When 主要是指由于季节性、昼夜性、节日性的差异设计出不同的服装。适用于消费者需求的服装设计才是有市场、有前景的设计，也是服装设计的基础。由于季节性、昼夜性的差异较大，由此制成的成衣差异也会很大，如春秋季节早晚温差较大，在边疆地区更是有“早穿皮袄午穿纱”的说法。

3.Where

Where 是指穿着服装的场所、环境等。环境和场所的差异对服装设计的影响很大，设计师需谨慎考虑这一因素。例如同样是冬天，在北方城市人们需要穿棉服，而在南方城市人们则可能只需要穿一件薄衫，所以在设计服装时要因地制宜。

4.Why

Why 主要指制作、穿着该服装的目的性，也就是为什么需要穿着某一件特定的服装，穿着这件服装的意义是什么，这一点更适用于明星等频繁出席盛大场合。服装不仅仅具备防寒的功能，在更多的时候是扬长避短的道具，不少会穿搭的人更是利用服装来凸显自己的身材优势，规避自己的短板。所以，在为某对象设计服装时更要关注对象的想法，他们想要穿着服装所达到的视觉效果，才能更好地设计服装。

5.What

What 主要指服装的种类。服装按照不同的区分点可以分为很多种类，如果按功能性可以分为御寒、透气、防水等。也就是说，设计师在设计服装时要关注产品已被设定的种类，切勿盲目设计，出现“驴头不对马嘴”的设计。

6.How

How 主要指的是服装从设计前的市场调查至制成成品整个阶段的成本预算，应当如何制定价格等。设计师应当以降低成本、提升利润为设计理念。我国加入世界贸易组织后，世界范围内的行业平等、规范竞争逐渐全面放开。竞争是多方面的，而服装业的竞争对于服装成本而言是至关重要的。从服装生产企业来讲，高昂的成本往往意味着管理水平的低下，最后只有死路一条。

企业始终是以营利为目的，所以设计师在设计成衣时要进行多方面的考量以期获得最大利润。具体表现在设计过程中，设计师需始终保持冷静的经济头脑，始终考虑到成品的价格、产品服务群体相应的购买力以及市场竞争的问题。

三、形式美法则

服装设计师在发挥服饰美的设计中，不仅要熟悉各种形式要素的个性，能根据各种形式要素的“性格”因材施用，而且还需对各种形式要素之间的构成关系不断进行探索和研究，从而总结出构成各种形式要素的潜在规律，这些规律称为形式美法则。在服装设计上运用的形式美法则主要包括统一与协调、旋律、比例、对称与均衡、视错、强调、仿生造型等。

1. 统一与协调

统一与协调是构成形式美的主要法则之一，它不仅是服装设计最基本的法则，也是整个设计艺术中的通用法则。统一是指形状、色彩、材料的相同或相似要素汇集成一个整体而维持的秩序感和整体感，是可以用语言表达出来，是对服装的概括和总结，诸如整体结构的统一、局部结构的统一。服装统一主要表现在以下两个大的方面。

（1）服装本身的统一性。服装本身的统一性主要体现在整体与局部式样的统一、服装装饰工艺的统一、服装配件的统一、服装色彩的统一。

① 服装整体与局部式样的统一（图 3-2）。

（a）双排扣商务西服

（b）单排扣西服

（c）双排扣休闲西服

图 3-2　路易 · 威登 2020 秋冬男装——服装整体与局部式样的统一

② 服装装饰工艺的统一（图 3-3）。

（a）单排扣大衣与西裤

（b）西服套装

（c）双排扣大衣与西裤

图 3-3　亚历山大 · 麦昆 2020 秋冬男装——服装装饰工艺的统一

③ 服装配件的统一（图 3-4）。

④ 服装色彩的统一（图 3-5）。

（2）广义上服装的统一性。广义上服装的统一性主要是指服装在社会自然大环境中达到的协调统一，包括服装与人们生活环境、人文环境、自然环境等的统一，具体可分为以下五种。

① 服装与人们活动环境的统一。

② 服装与社会的统一（自然环境与人文环境）。

③ 服装与营销价格的统一（服装的品质与营销策略）。

④ 服装与人的统一（人体和物的统一与气质修养的互补性）。

⑤ 服装与文化的统一。

在统一的前提下，应注意变化的运用，可以产生活泼和新颖感，就如音乐中的和声，不仅主旋律清晰，而且有和谐的变化。与此同时，设计时不宜过分注重统一，使服装产生刻板之感，应注意稍加变化就会显得活泼而协调。

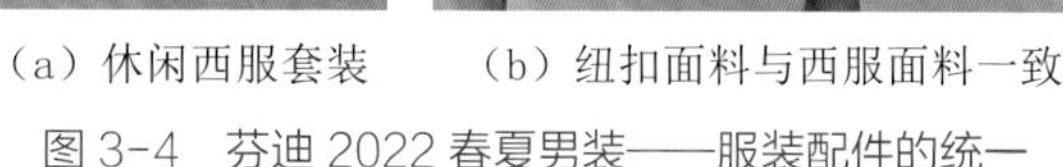

（a）休闲西服套装　（b）纽扣面料与西服面料一致

图 3-4　芬迪 2022 春夏男装——服装配件的统一

（a）绿色工装套装　（b）粉色西服套装

图 3-5　吉尔 · 桑德 2022 春夏男装——服装色彩的统一

协调是主体结构线形式美法则的最高境界，是线条与服装整体造型之间相互关系的完美调和。在主体结构线的设计中，协调有两种形式：线条与服装轮廓形状的协调和线条与服装格调的协调。形状的协调是“理性”的，它强调了服装内外的秩序性，而格调的协调是“感性”的，它注重人的视觉感受和对服装氛围的烘托。完美的主体结构线条形式的表现都可以看作主体结构线与服装整体造型之间的协调，但在设计中应该注意过度的协调容易单调、乏味、缺乏变化，因此，应综合运用主体结构线的其他形式美法则，将美的境界推向顶峰。

2. 旋律

旋律原是音乐概念，是指声音经过艺术构思而形成有组织、有节奏的连续运动，它作用于人的听觉，也就形成了不同的旋律感。在造型上，是通过要素的反复和排列表现的。其间隔相同时，形成单调的节奏；间隔按照几何级数变化时，就产生很强的节奏；变化过大，就会缺乏统一，显得凌乱。在服装设计上运用的旋律概念，主要是指服装各种线形、图案纹样、拼块、色彩等有规律、有组织的节奏变化。其形式主要有两种，一种是形状旋律，另一种是色彩旋律。

（1）形状旋律。形状旋律的变化形式包括有规律重复、无规律重复、等级性重复、直线重复、曲线重复等。

① 有规律重复。有规律重复是指重复的间距相等。有规律重复给人的感觉比较生硬（图3-6）。

② 无规律重复。无规律重复是指重复的距离度没有规律。无规律重复相对于有规律重复能带来动态、强烈的视觉效果（图3-7）。

（a）菱形格纹毛衣

（b）菱形格纹开衫

图3-6　巴尔曼系列2020秋冬男装

（a）豹纹拼贴裤子

（b）豹纹外套

图3-7　Comme des Garcons系列2020秋冬男装

③ 等级性重复。等级性重复是指重复的间距有一定的等比、等差变化，渐大或渐小、渐长或渐短、渐曲或渐直。等级性重复给人的感觉比较风趣（图3-8）。

④ 直线重复。直线重复是指用直线不断排列的组合形式。在服装设计上，直线重复是常用的设计手法之一，我国苗族的百褶裙就是典型的直线重复。直线重复给人的感觉比较死板，但是有强烈的节奏感（图3-9）。

（a）等条纹印花衬衫

（b）等条纹印花西服套装

图3-8　三宅一生系列2019春夏男装

（a）三宅褶皱上下装

（b）三宅褶皱外套

图3-9　三宅一生系列2021春夏男装

⑤ 曲线重复。曲线重复是指用曲线不断重复的组合形式，包括静态时的效果和动态时所呈现的效果。在服装设计上，曲线重复是常用的设计手法之一，多褶的婚纱礼服就是典型的曲线重复。曲线重复给人的感觉比较温柔、轻盈、美丽（图 3-10）。

（2）色彩旋律。色彩旋律是指将各种明度不同、纯度不同、色相不同的色彩排列在一起，从而产生一种动的感觉，这种组合形式称为色彩旋律。构成色彩的旋律至少要有三种颜色重复配合，如果只有两种颜色，那么只能称为对比色，而不能产生旋律（图 3-11）。

（a）抽褶外套

（b）抽褶风衣

图 3-10　韩国品牌 Blindness 2019 春夏男装

（a）多色配合套装

（b）四色配合套装

图 3-11　某品牌系列 2019 春夏男装

3. 比例

比例是指服装的整体与局部或局部与局部之间各要素的面积、长度、分量等所产生的质与量的差别，以及所产生的平衡与协调的关系。它是服装设计、穿着、鉴赏中不可缺少的重要因素。比例要表现在色彩在服装中的占比，材料在服装中的占比，以及配饰在服装中的占比这三个方面。比例在服装设计中担负重任，既将服装整体进行分割，又连接被分割的几个部分，使整体与各部分之间的关系处于一种平衡状态，令人产生美的感受。艺术形象内部的比例关系一定要符合审美习惯和审美经验。一般情况下，比例差异小、易协调，但是，差异小容易引起视觉疲劳。同样的，差异过大，超过了人们审美心理所能理解或承受的范围，则会感觉比例失调。

关于比例关系取什么样的值为美，自古以来，研究者的立场不同所得出的结论就不一样。以人体比例这种与服装有着直接关系的比例为例，自古以来大体上有三种情况（指以发现人体美为目的的研究）：一是基准比例法；二是黄金分割比例法；三是百分比法。其中基准比例法较为常用，即以身体的某一部分为基准，求其与身长的比例关系。最常用的是以头高为基准，求其与身长的比例指数，称为头高身长指数，简称“头身”。另外，从古希腊时代开始，普遍采用的一种比例美是黄金比例（也称黄金律），即 1 ∶ 1.618。因为这种比例与人的视觉范围非常适应，从而能给人一种视觉的美（图 3-12、图 3-13）。

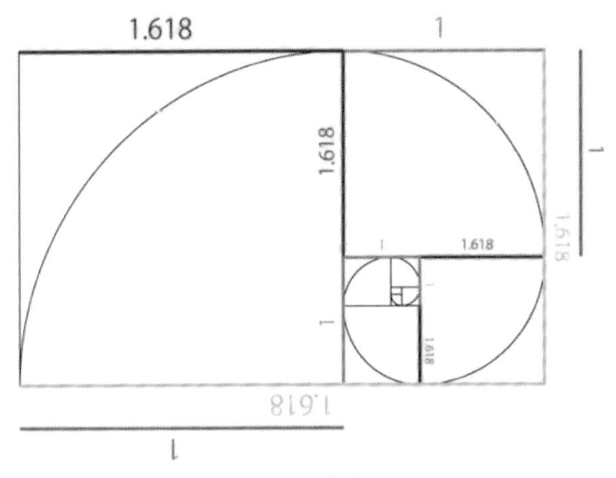

图 3-12　黄金比例

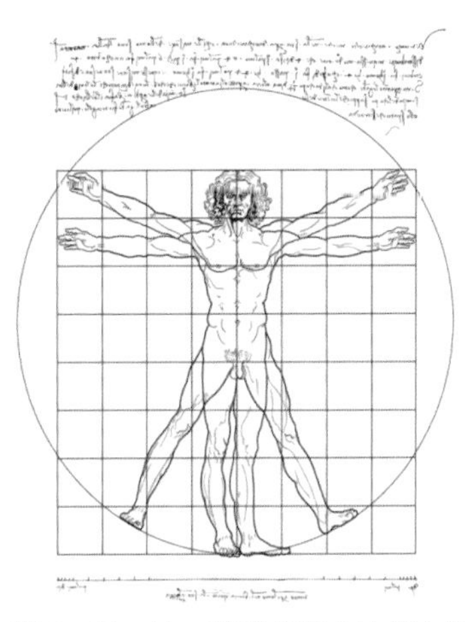

图 3-13　达·芬奇的黄金比例人体

4. 对称与均衡

（1）对称。对称又称为对等，指设计物中相同或相似的形式要素之间相互的组合关系所形成的绝对平衡。对称表现出的效果是成品的各个部位的空间布局和谐，即每个部分相对应。在服装设计中采用比较多的是左右、画转、局部等对称形式。对称的造型常用于标志服、工装、校服、礼仪服等（图 3-14）。

图 3-14　阿玛尼系列 2022 春夏男装 1

（2）均衡。均衡也称平衡，是指在造型艺术作品的画面上，不同部分和形式因素之间既对立又相互统一的组合关系，表现出的效果为安定、沉稳的高贵感或放松、愉悦的新鲜感。例如，在花卉的世界里，马蹄莲就是以自己独特的不对称形式赋予审美者别样的视觉享受。如表现在服装上，虽然左右两边的造型要素不对称，但在视觉上却不会产生失去平衡的感觉。在服装平面轮廓中，要使整体的轻重感达到平衡效果，就必须按照力矩平衡原理设定一个平衡支点。由于人的身体是对称的，这个平衡支点大多选在中轴线上。对于门襟不对称的款式，门襟上的某一点常常被选做支点。均衡的造型手法常用于童装设计、运动服设计和休闲服设计等（图 3-15）。

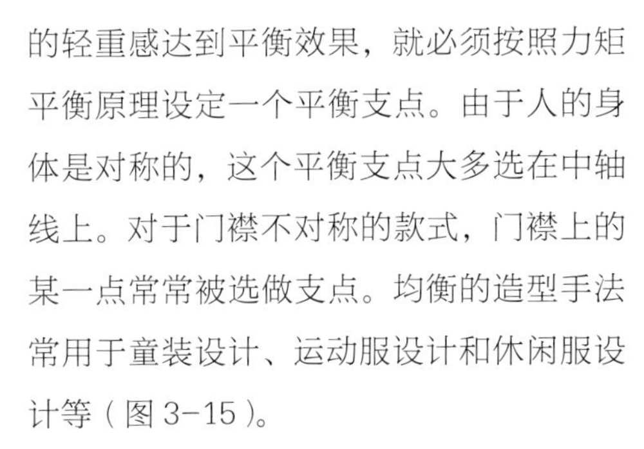

图 3-15　阿玛尼系列 2022 春夏男装 2

5. 视错

（1）视错的概念。由于光的折射、反

射，或是由于人与物体的视角、方向、距离的不同，以及每个人感受能力的差异，容易造成人们视觉判断的错误，这种现象称为视错。视错从原因上可分为来自外部刺激和对象物上的物理性视错、来自感觉器官上的感觉性视错（或称作生理性视错）以及来自知觉中枢上的心理视错。常见的视错包括尺度视错、形状视错、反转视错、色彩视错等。而正确地掌握各种视错现象，有利于服装设计师在设计中创造出更为理想的作品。

（2）图形视错表现形式

① 分割视错。服装设计中以横竖线条的分割来体现分割视错，线条的粗细以及间距会造成人视觉上的不同效果，通过对条纹的方向及颜色的调整，可以表现出不同的分割视错效果。据资料显示，分割视错主要有赫尔姆霍兹正方形错觉（Helmholtz Illusion）和奥库视错觉（Oppel Kundt Illusion）。赫尔姆霍兹正方形错觉主要讲的是两个相同的正方形，在两者内部分别画上竖线和横线，画横线的正方形视觉上比画竖线的正方形宽一些（图 3-16）。现在很多知名设计师正是巧妙利用了这一点，使得服装有了“显瘦”的效果。

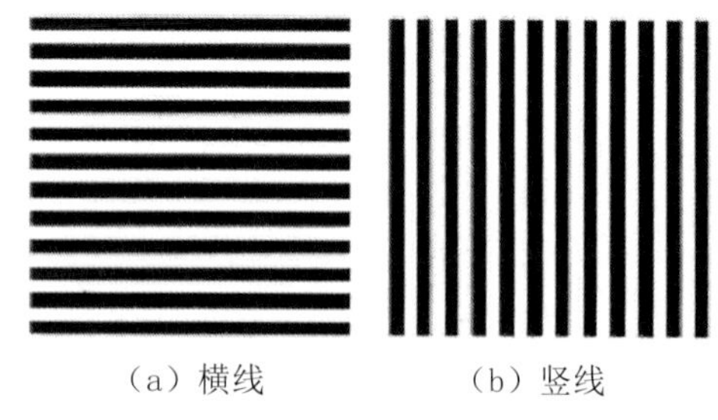
（a）横线　　（b）竖线

图 3-16　赫尔姆霍兹正方形错觉

② 对比视错。对比视错主要是通过附加线和位置排列两种方式来使物体达到预计的视觉效果，如艾宾浩斯错觉（Ebbinghause Illusion）就是此类别的一种视错（图 3-17）——在不同参照物的对比下使得相同的物体有着不同的视觉感官。服装造型中通过夸张、变形等可表现出这种角度错视。

③ 长短视错。缪勒-莱尔错觉（Maller-Lyer Illusion）是长短视错中的一种，最经典的就是两条相等长度的线段，分别在其两侧画向内和向外的箭头，却给人带有向内箭头的线段更为长的错觉（图 3-18）。将此视错用于服装设计中可以很好地体现人的身材比例，显得腿长。

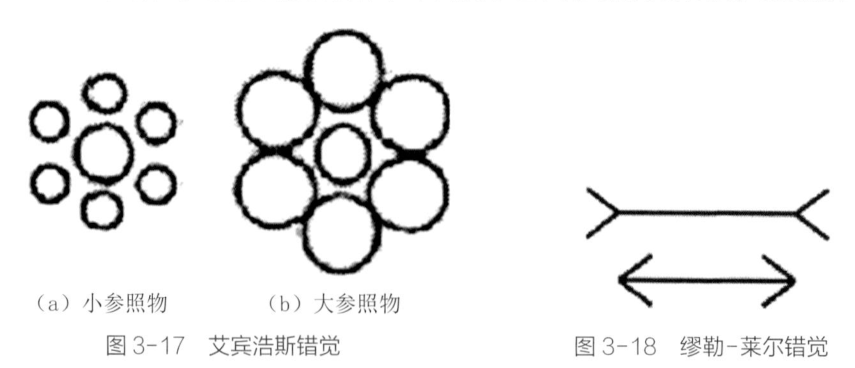
（a）小参照物　　（b）大参照物

图 3-17　艾宾浩斯错觉

图 3-18　缪勒-莱尔错觉

④ 其他视错。除了以上列举的视错外，还有远近视错、横竖视错觉、C 位移视错等几何视错，更有五大类的色彩视错：色彩的对比视错、色彩的温度视错、色彩的重量视错、色彩的距离视错、色彩的残像视错。

6. 强调

强调是设计师有意识地使用某种设计手法来加强某部位的视觉效果或风格（整体或局部的）效果。烘托主体，能使视线一开始就有主次感，有助于展现人体最美丽的部位是对服装的强调，也是根据服装整体构思进行的艺术性安排。服装重点强调的部位有领、肩、胸、腰等部位（图3-19、图3-20）。强调的手法有三种，即风格的强调、功能性的强调和人体补正强调。每个新款从酝酿到诞生，皆经过设计师一番苦心孤诣，灵感的涌现、风格的表达，无一不体现设计师的创作设计思维。

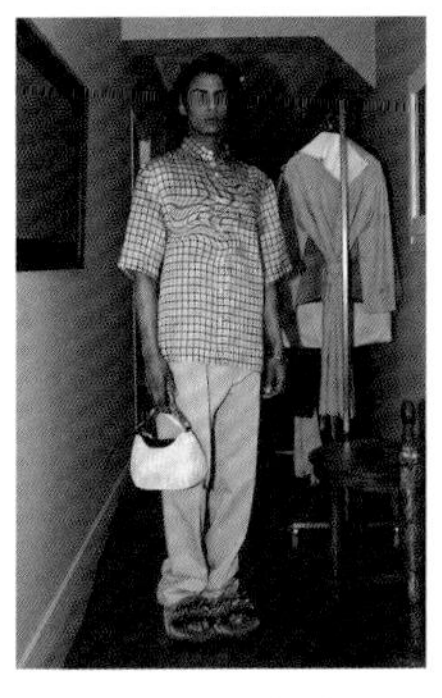

（a）衬衫　（b）强调胸的细节

图3-19　浪凡（Lanvin）系列2022春夏男装——强调胸的男装设计

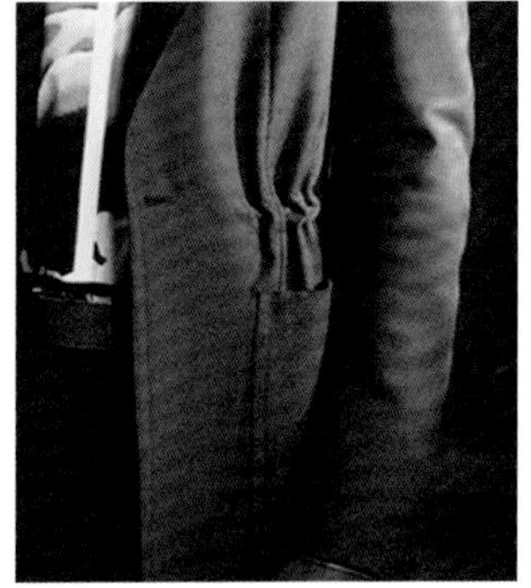

（a）外套　（b）强调腰的细节

图3-20　浪凡（Lanvin）系列2022春夏男装——强调腰的男装设计

7. 仿生造型

仿生造型是指在进行造型设计时，设计师以大自然的各种生物或微生物等为灵感，或者以它们的外部造型为模仿对象进行的设计。

服装的设计和造型主要是按照人体的体型来进行的。在外观造型上要考虑人的体型需求，外部造型还要特别注意造型的多样性和艺术性，要从造型的美学角度来综合地考虑服装造型的设计。这就要求在服装设计时，多动脑筋，开阔思路，从大自然和生物界获得启发，用仿生学来丰富设计。

服装仿生学主要是模仿生物外部形状，以大自然、生物为灵感，从而设计出服装的新颖款式。服装设计时可以模仿生物的某一部分，也可以模仿生物的全部外形。如在生活中常见的燕子领、青果领、蝙蝠袖、喇叭裤、蝴蝶结等（图3-21）。

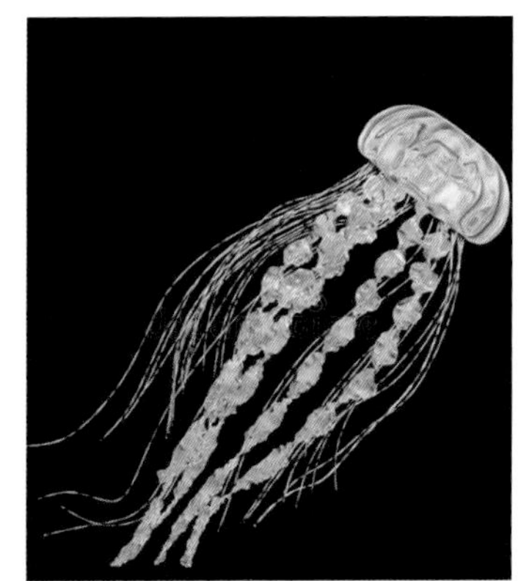

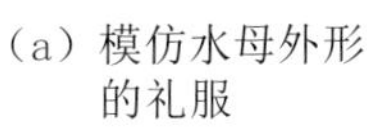

（a）模仿水母外形的礼服　（b）水母

图3-21　采用仿生设计的异形礼服

第二节 男装设计思维模式

所谓服装设计的思维模式，是指设计师在创作过程中所表现出来的认知、想法和见解，本节将对男装设计思维模式的类型进行划分，从逻辑思维与形象思维、纵向思维与横向思维、发散思维与聚合思维、侧向思维与逆向思维的角度进行对比分析，得出各类思维模式的特点和适用场景。

一、逻辑思维与形象思维

在男装的设计和实践中，逻辑思维与形象思维都是重要的思维方式，它们有各自的特点和用途。当它们在时尚艺术的设计中有机结合时，将为设计师提供一种思维框架来处理理性和感性之间的关系。

1. 逻辑思维

（1）逻辑思维的定义。逻辑思维是指连接和组织思想内容的方式或形式。思维则是将概念和类别作为反映认知对象的工具。这些概念和类别存在于人类大脑中，即思维结构。这些框架可以将不同的类别和概念组合在一起，形成一个相对完整的思想、理解和掌握，并最终达到认知的目的。因此，思维结构不仅是人的认知结构，又是人利用类别和概念抓住对象的能力结构。

（2）逻辑思维的类型。逻辑思维通常有两种类型——实践型思维和理论型思维。实践型思维是根据以往实际经验和实际活动形成概念、判断和理由，例如，设计师利用传统的设计经验和手法解决当下的设计问题。由于实践型思维往往局限于有限的经验，它的抽象水平很低，而理论型思维方式是以理论为基础，使用概念、原则、法律和科学公式来判断和推理。在生活中，科学家和理论家的思维主要属于这一类。

2. 形象思维

（1）形象思维的定义。形象思维主要是指人们在认识世界的过程中选择事物的表象时所形成的思维方式，这是一种只用直观图像来解决问题的思维方式。图像是基于感觉思维和客观图像传输系统储存资料的图片。形象思维结合了主观认识和情感进行识别（包括审美判断和科学判断），并使用某些形式、手段和工具（包括文学语言、绘画线的色彩，声音的节奏等）创作和描述图像的一种基本思维形式。

（2）形象思维的特点

① 可视性。可视性也可称为直观性，是形象思维最基本的特征。形象思维反射的对象是事物的图像。思维形式是图像、直接的感觉、想象和其他图像概念。它的表达工具是图形、图像、图案和图像符号，可以被感官感知。形象思维的可视化给人以生动、直观的感受。

② 非逻辑性。形象思维不同于抽象的（逻辑）思维，它一步一步地、从头到尾、线性地处理信息。它可以调用许多图像材料，一次形成一个新的图像，或者从一个图像跳到另一个图像。它的信

息处理不是一系列的处理，而是并行处理，是表性处理，更是一种三维处理，以便快速了解整个问题。

③ 粗略性。形象思维对问题的反射是一种近似反射，对问题的认识是一种通用反射，对问题的分析是定性的或半定量的，简而言之就是形象思维对问题的把握是大体的、粗略的。形象思维通常用于定性分析问题。抽象思维可以提供精确的定量关系。因此，在男装设计中，通常有必要将抽象思维和形象思维巧妙地结合起来并进行运用。

④ 想象性。想象是思维主体利用现有图像形成新图像的过程。形象思维不满足于现有图像的再现，更专注于继续对现有图像进行处理，并获得新主体、新产品。因此，想象力使形象思维具有创造性。

二、纵向思维与横向思维

纵向思维与横向思维又可以分别称为垂直思维与水平思维，这两种思维方式在服装设计中得到了广泛应用。当设计一种服装时，设计师通常会把这种类型的服装作为主要的参考对象，进行横向或纵向的扩展和创新，并比较它们的优点和缺点，以便设计。

1. 纵向思维

（1）纵向思维的定义。纵向思维是指在结构框架内以顺序、可预测和程式化的方式进行的思维形式，这是一种符合人类事物发展方向和认知习惯的思维方式，遵循由低到高、由浅到深、由始到终等线索，因而清晰明了，合乎逻辑。在日常生活，这种思维方式主要用于学习，它与横向思维相辅相成。

（2）纵向思维的特点

① 延续性。当人们以纵向思维思考事物或问题时，会抓住事物发展不同阶段的特征进行思考、比较和分析。事物反映了存在和发展的动态进化的恒定特征，其所有的碎片都由它们的基本轴线贯串始终。例如，人类历史是由人类不同的发展故事组成的。这里的时间线是最常见的一种轴。特别是在一些特殊的研究中，概念轴的类型要丰富得多。纵向思维分析了事物背景参数的定量变化和定性变化的特征，这些特征可以准确地捕捉到临界值，并清楚地定义事物发展的每个阶段。

② 稳定性。使用纵向思维，人们将在规定的条件下进行沉浸式的思考，思路清晰、连续、简单，不容易受干扰。所以，设计师在设计服装时应尽可能地避免进入纵向思维的误区，突破定向思维和限制。

③ 明确性。纵向思维普遍意义上都有一个明确的目标。在执行过程中，它就像导弹按照设定的参数锁定目标。正是由于纵向思维的明确性这一特点，设计师就会在设计的过程中过于追求先前既定的目标而沉迷其中，纠缠于出现的问题而不能另辟蹊径解决问题的情况。

④ 特质性。纵向思维的专业化决定了它的严谨性、独立性和独特的个性，这些都很难复制和广泛传播。如人的气质，它看起来完全不同，甚至不相容。就如同从不同创作者的作品中能发

现其强烈的个人特色和特点一样。

2. 横向思维

（1）横向思维的定义。横向思维是一种突破逻辑局限、拓展思维领域的进步思维模式。它的特点是创作思维不局限于任何范畴，利用偶然性的概念来逃避逻辑思维，从而创造出更多的新思想和新观点。逻辑思维的思考方式是纵向的，而横向思维可以创造多点切入，甚至可以从终点回到起点思考。横向思维实际上是一个解决难题的方法，它只有一个功能——创新。

（2）横向思维的特点

① 立体性。横向思维的第一个特点是立体性。设计师以横向思维方式进行产品设计时会从多个角度来看，不急于判断物体本身属性，而是考虑物体可以转变的方向和特性。

② 多维性。多维性是横向思维的第二个特点，是脱离原来的思维，不纠缠于传统逻辑。

③ 同时性。同时性也是横向思维的特点之一，是指从各种随机产生的概念中发现和提取有价值的创意点，将各种新创意和新观点与最终目标交叉。

三、发散思维与聚合思维

1. 发散思维

（1）发散思维的定义。发散思维又称辐射思维、求异思维。在服装设计中，发散思维是指通过某一特定的条件，对问题寻求多样的、独特的解决方法的思维。设计师沿着各种不同的路径加以思考，并广泛地搜集相关资料进行联想和实践，以寻求最优的创作设计。因此，发散思维具有开放性和开拓性，适用于创作的起始阶段，发散思维的过程可看作为由点到面、由少至多的设计过程。

（2）发散思维的类型

① 侧向思维。侧向思维又称旁通思维，是另一种发散思维方式。从字面意思理解侧向思维的特性就是触类旁通，这种思维方向不同于正向思维、多向思维或逆向思维。它是一种创造性思维，通俗地讲，侧向思维是一种利用其他领域的知识和信息来解决问题的思维方式。

② 逆向思维。逆向思维又称求异思维，通常是改变已经定论的事物或观点的思考方式。大胆地“反对它，思考它”，使思维朝着对立的方向发展，从问题的反面深入探索，树立新思想，创造新形象。大家都在以一个固定的思维方向思考问题时，一个人向相反的方向思考的方式就是逆向思维。人们习惯于按照事物发展的正确方向思考问题，寻找解决方法。事实上，对于一些问题，特别是一些特殊问题，从结论往回推，反过来思考，从求解回到已经知道的条件，反过去思考可以使问题简单化。

2. 聚合思维

（1）聚合思维的定义。聚合思维又称求同思维、集中思维和收敛思维，是指人们利用已有的知识和经验将各种信息汇聚起来分析、整合，最终从大量的可能性中探求最优答案的思维方式。这种思维方式并不是一味地简单肯定或否定，而是通过不断地交叉、互补、修正等环节循序渐进，不断优化的过程。设计师在进行男装设计时，应将各种有效信息进行整合归类，分析其共有特征，并通过思考与实践得出最优设计作品。

（2）聚合思维的特点

① 连续性。连续性是聚合思维的特质，聚合思维的创作是从一个设想到另一个设想的过程，是环环相扣的，具有较强的连续性。

② 封闭性。封闭性聚合思维是将各发散思维的结果，由四面八方而聚合起来，从而选出一个合理的答案，具有一定的封闭性。

③ 求实性。求实性发散思维是设计师设计过程中的第一步骤，这种思维方法所产生的结果一般是不成熟的构想和方案。聚合思维则是对发散思维产生的结果进行有效的甄别，所选择的构思方案是按照实际标准来决定的，是切实可行的，这样的聚合思维就会表现出很强的求实性。

第三节　男装设计的构思方法

设计实际上就是构想、计划及设立方案，也可以将其理解成作图、意象或者制型。而服装设计就是以设计对象为依据，进行构思，并通过相应的手法绘制平面图和效果图，然后再进行制作，最后完成整个设计。因此，没有构思和手法就无法进行设计，而只有优质的构思和手法才能使设计作品的效果更好。

一、借鉴构思法

服装设计与音乐、建筑、绘画、文学、雕塑、舞蹈等艺术是美学范畴内的一个有序可循的整体，虽然在表现形式上不同，却彼此之间有着内在联系，相互影响，存在相互借鉴的关系，而这些联系正是服装设计师应关注的地方，要尝试从各类艺术及其他领域中找到联系和共通点，开拓思路，发挥创造力，创作最佳作品。

就如古希腊的建筑风格主要有多立克柱式、爱奥尼柱式、科林斯柱式（图 3-22），而关于古希腊建筑在服装设计中的风格体现，维特卢威在《建筑十书》中认为：“多立克式的建筑因具有了男性的比例而具有了阳刚之美，爱奥尼式的建筑因具有了女性的比例而具有了阴柔之美。”

多立克式风格的服装采用柔软而厚实的毛织物，由整块面料制成，依靠自身的重量可以产生悬褶，显得庄重；爱奥尼式风格的服装多采用薄麻织物，有密集的褶皱，可以随人体运动而飘动，有柔美、飘逸和优雅之美。古希腊人把建筑风格成功地运用到服装设计之中，使得这一时期服装与建筑高度契合，呈现出和谐、壮丽、自然、崇高的美，给人们带来艺术的享受。

（a）多立克柱式　（b）爱奥尼柱式　（c）科林斯柱式

图 3-22　古希腊三种建筑风格

除此之外，在服装设计与绘画的联动方面，拼贴画是男装图案常用的方式。拼贴画是将不同类型的元素剪裁、加以排列重组，使得图案元素构成不同的效果，增添服装的丰富性和趣味性。2021～2022 年的品牌男装发布中，色彩（Kolor）等众多品牌运用拼贴手法进行服装设计，包含人物、植物、色块等元素，以更多元的方式将其结合，呈现出更含蓄、高级的艺术效果，为拼贴画与服装设计提供了新的导向（图 3-23）。

图 3-23　色彩（Kolor）品牌运用拼贴手法服装设计

二、定位构思法

定位构思法在服装设计中主要是用于有既定要求的前提下进行的服装设计。设计师在运用定位构思法时一般是对产品有较为准确的定位和认知，对既定要求有所把握。

服装设计的最终呈现产品是为人服务的。设计师在设计时要分析各种因素，通常是根据服装的风格、功能、所给定的主题、材质、穿着季节等进行定位构思，大体界定不同服装间的差异，然后考虑设计对象的文化背景、性格、经济承受能力等诸多因素，确定设计方案。以下对几种定位方式做简要介绍。

1. 从季节定位

一年有四季，四季中不同的气候对服装设计提出不同的要求，在服装的面料、色彩、款式等方面都有着不同的要求和定位，设计师将会对不同的要求给出不同的理解和作品。服装设计是一个不断求新、不断求变、引领时尚前沿、带动流行趋势发展的行业，应随需求的变化而变化，如夏天穿着 T 恤、秋冬则需穿着毛衫保暖、雨天穿着防水材质的服装、晴天穿着防晒衣等。在 2021～2022 秋冬季古驰和北面的联名系列中就出现了男装羽绒服，以北面的经典款式为基础进行色彩的调整，古驰运用其擅长的色彩搭配技巧给整件衣服带来了灵动性、跳跃性。大面积的蓝绿色花叶搭配橙色花朵，给人强烈的视觉冲击力，更具吸引力。而辅以小面积橙色划分了衣服的各个部分，两个部分相互呼应，相得益彰，摆脱了羽绒服给人带来的厚重感以及功能性服装的无趣死板（图 3-24）。而图 3-25 是 2022 早春古驰在洛杉矶发布的男装成衣，从风格和用料上能够明显看出服装穿着的季节，海岛风格的中袖休闲衬衫搭配棕色休闲长裤，迎面而来的是春夏的活力气息。图 3-26 是市面上典型的运动类男装中的防风防晒服，材料的透气性和防晒性能使得其非常适合夏日穿着。

图 3-24　2021 ~ 2022 秋冬古驰与北面联名男装羽绒服

图 3-25　2022 早春洛杉矶古驰男装成衣

图 3-26　男士防风防晒服

2. 从场合环境定位

从场合环境进行定位，指设计师常以服装被穿着的场合进行设计，这不仅使得设计的服装整体和谐，更使得设计的服装与场合、布景、穿着者气质等达到平衡和谐，也使得设计的服装与场合所表达主题观念一致。从场合环境定位不仅仅包括服装被穿着的场合和环境，也与服装被穿着的场景和用途有关，如同运动装和晚礼服是截然不同的两种服装，象征的意义也不同，在宴会等社交场合需穿着晚礼服以表示礼仪和庄重，而运动服则更为休闲舒适，符合运动者活动方便的需求。

3. 从国家民族定位

近年来国潮风格红极一时，各大潮牌争相以中国的文化元素为主题做服装设计，甚至国际一线奢侈品品牌也会在中国国潮风中分一杯羹。我国是个多民族国家，民族元素数不胜数，如少数民族的龙凤、鸟兽等图腾，还有更多的植物纹样、动物纹样、几何纹样等。除了在形态造型上不同外，这些民族元素在呈现形式上也大有不同，在色彩、面料、工艺、图案上都独具特色（图 3-27、图 3-28）。

随着中西文化的融合，社会风尚等的变化，消费者对服装风格的要求也逐渐倾向于国风和民族文化，国内也出现了不少以国家民族为定位的服装设计大赛和活动。设计师将国家民族元素融入现代的服装设计中，挖掘中国民族元素中历史底蕴，通过创新设计，重新演绎中国的国风时尚。

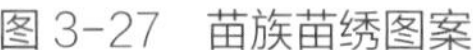
图 3-27　苗族苗绣图案

图 3-28　苗族刺绣花片绣片苗龙纹

2021 年 7 月 24 日，由天猫和华裳九州联合举办的天猫“国风大赏”，百名汉服爱好者演绎高级定制汉服，包括“唐宫夜宴”复刻版等博物馆文创衍生款汉服，以及诸多游戏动漫跨界、艺术家联名新款（图 3-29）。

图 3-29　天猫和华裳九州联合举办的天猫“国风大赏”

电子商务的快速发展，对实体企业造成了巨大的冲击。国风代表运动品牌“李宁”曾关闭数千家实体门店，正是由于正确的设计运营调整，才有了今日风靡时尚界的“李宁时尚”。2018 年李宁品牌登上纽约时装周，以“悟道”为设计灵感的时装走秀，惊艳了全世界，让全世界都知道了“中国李宁”的商标。从此“中国李宁”成了时装周的宠儿，受邀参加各大时装秀。近几年李宁成为国潮的标杆品牌，深受人们喜爱（图 3-30）。

图 3-30　中国国风运动品牌——李宁

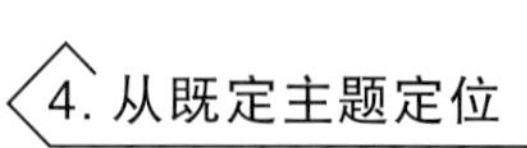
4. 从既定主题定位

从既定主题定位一般包括灵感来源、创作思路、主题风格、款式设计、配色方案、材料选择、图案设计、配饰设计等方面。在整个设计过程中，设计师首先需要根据既定的主题进行分析和解读，选取设计方向和灵感对象；随后是根据所得结果找寻相关资料，对材料进行整理和分析；最终形成设计师的设计概念，画出相关款式的草图，并进行修改和深化。同时，选取符合主题的色彩搭配、图案设计、配饰设计等形成完整的一套设计方案。以下以 POP 服装趋势网站发布的 2023 春夏主题趋势——元宇宙进行简要分析解读。

（1）主题驱动分析。当今时代人们的精神世界和社交以互联网的形态展现，人类文明的乌托邦以更全面的视角呈现，然而互联网形式的交流和沟通所导致的是人们彼此无法理解各自的想法，出现了更多无法逾越的隔阂和高墙，而“元宇宙”的主题意味着人们多了一个可以互换角度的空间去理解彼此考虑事物的思维，将人与人之间的隔阂和截断这些“断点”相连接，让人们突破界线和固有思维，达到平衡（图 3-31）。

图 3-31　2023 春夏主题“元宇宙”的主题趋势分析

（2）材质灵感。根据对“元宇宙”主题的理解来选择材料，既符合主题的科技感、空间感，又符合人体工程学，也符合消费者对服装的穿着需求。大卫·欧登柏格（David Oldenburg）和卢克·纽宝特（Luke Nugent）通过电脑成像技术（Computer Generated Images，CGI）拍摄挑战传统的时装制作过程，选择了具有科幻、复古、金属感的未来主义材质（图 3-32）。

图 3-32　2023 春夏主题“元宇宙”的材质灵感

（3）色彩灵感。在色彩的选取上，纽约的自由艺术家斯蒂尔曼（Stillman）通过3D数字艺术来讲述心灵合并交互的概念，还以声像、脑电波等为媒介作设计元素和灵感，同时也将自然感受的轻浅色彩与电子世界融合，带来了独特的观感，而色彩选取及材质质感的呈现都受其影响，并在虚拟时尚和实体时尚间建立了联系。

“元宇宙”主题下的整组色彩运用极具未来科幻韵味的配色方案，同时强调材质的运用以及数码失真的视觉效果。色系以灰色和黑色为中性主体色调，用高饱和电子色彩点缀，独具未来感受。例如用蓝色、绿色、金属感极强的紫色等，将数字虚拟的未来与现实交融磨合，为先锋街头时尚带来更多表现力（图3-33）。

图3-33　2023春夏主题“元宇宙”的色彩灵感

（4）消费者生活方式。更为重要的是设计师对消费者的需求分析，元宇宙主题的出现带来了“虚拟先行者”这个新的概念。周边环境对人类生命、生活和道德伦理产生重大影响，使得人类的生活品质由此得到巨大的改变。在互联网时代，人类更趋向于用数字来量化事物，以虚拟的形式来考量生活，沉浸于虚幻，而“元宇宙”作为一个打破界限的媒介，传递着人类的积极态度和真实自我，展现乐观主义。

消费者的生活方式不外乎生、活、玩、潮四大板块，即对生活的内在感知和自我意识、对工作领域的认知、对兴趣爱好的消费形式、对自我穿着的审美表达。根据这四大板块对消费者进行分析，在互联网时代的领域下掌握消费者的喜好尤为重要。“元宇宙”主题想要展示的是人类对生活的积极乐观态度，设计师结合消费者的生活方式对此进行分析（图3-34）。

（5）男装代表品牌——Vetements。维特萌（Vetements）2022年春季系列男装的格子元素是联合创始人古拉姆·瓦萨利亚（Guram Gvasalia）的想法。维特萌（Vetements）围绕着独特的时代前景，运用解构的裁剪缝制手法呈现出精致细节，打造多变而又有层次感的外观和具有挑战性的轮廓，并使用 3D 建模和数字图案修改来重新构想标志性服装元素，杂乱金属电线和黑客帝国的计算机代码与像素化的图案作为致敬黑客帝国系列的元素，是对“元宇宙”主题科技风、未来感的最佳诠释。在图 3-35 系列中重点搭配可以分作三类，有宽大造型、失真色彩、个性配饰，这三种在契合“虚拟矩阵”主题的同时，又很好地表达了“虚拟”一词，截断式的夹克和宽大的拖地风衣更是吸足了观众的眼球。同时还出现了复古的宽肩造型、哥特式图腾、皮革材质、紧身弹力材料等，虽然是一些很早之前出现的元素，但是能够更好地诠释“时尚是个轮回”，复古的就是流行的，就是有先见性的。

图 3-34　2023 春夏主题趋势“元宇宙”的消费者生活方式

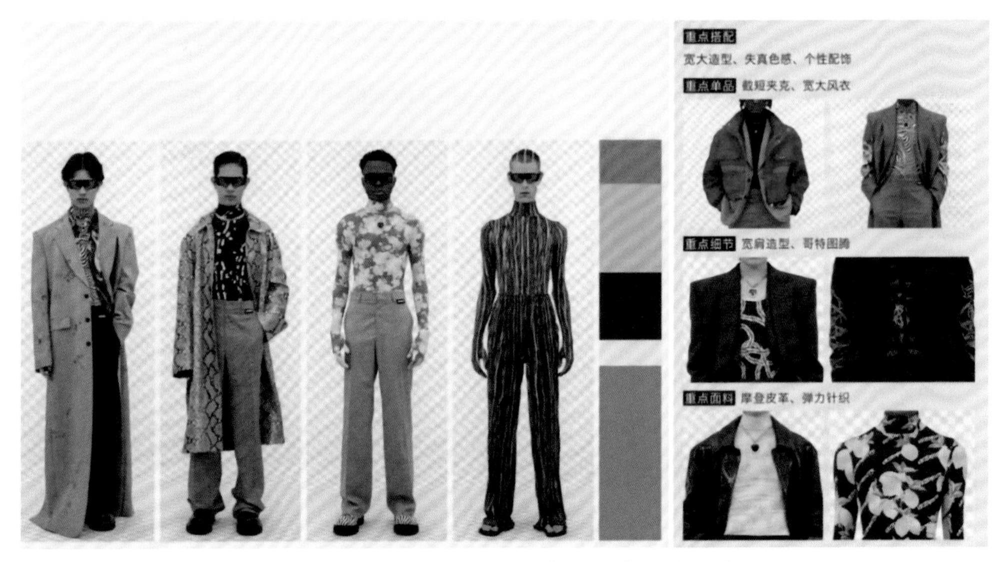

图 3-35　2022 春夏主题“元宇宙”代表品牌

三、联想构思法

联想构思法是指由一种事物想到另一种事物的服装设计构思方法，这是一种创造型线性思维的表达。服装设计是一门艺术，是针对个体的风格和性格创造服装形象的一种艺术创作。而想象和联想是艺术创作中最不可缺少的东西，想象能使设计者从更广阔的范围内创造艺术形象；联想的结果往往是创造新形象的过程。如同近年流行的棋盘格元素就是属于联想构思法的一种，棋盘格元素是19世纪欧洲文艺复兴时期的美学与骑士精神相结合的产物。运用棋盘格元素所创造的单品展现出的是英勇无畏的精神，其创造出的时尚潮流是消费者所追求的新浪漫主义时尚。棋盘格作为经典的代表元素之一，从未停止在时尚领域的步伐，将其进一步糅合设计，恰到好处的拼接、点缀、叠加的层次感，赋予这一经典元素崭新的活力。路易·威登在2022春夏巴黎男装周中就将棋盘格元素运用至极。图3-36（a）中是棋盘格廓形男士西装，充分利用棋盘格颜色分割明确的特点，将普通的西装面料和毛皮面料进行有规律的排列缝合，在颜色上选择以黑白两色为主，红黄两色做辅助点缀提亮，一改大众对棋盘格的色彩惯性认知，毛皮材料的搭配更是使得西装外套多了几分时髦感和前卫感；而图3-36（b）中是白绿棋盘格和白蓝棋盘格的混搭使用，通过用两种颜色的棋盘格对服装进行区域的划分，使得服装多了立体感。

（a）

（b）

图3-36　棋盘格元素的应用——2022春夏巴黎男装周路易威登品牌秀场

又如意大利品牌马塞洛布隆（Marcelo Burlon）2020～2021秋冬秀场发布的男装系列中就运用了黑白棋盘格元素，区别的是其对棋盘格进行不规则变形，以各种形态和大小出现在系列服装上。而秀场的环境更像是英国女艺术家布里奇特·瑞利（Bridget Riley）笔下的欧普艺术世界，与服装的棋盘元素相互联动，从而缔造整体的动态视觉效果。大小不同的棋盘格在男士针织、西服、套装上的运用，使得硬朗的线条得到柔和弱化，顺应当下迷幻图案的趋势（图3-37）。

图3-37　马塞洛布隆在2020～2021秋冬秀场发布的男装系列

图3-38　燕尾服——整体结构仿生

四、仿生构思法

所谓仿生构思法，是指运用概括和典型化的手法模仿自然形态创造性地创作出新形象的一种造型方法，简而言之就是对原型具象的模仿。在服装设计中，运用仿生构思法，可以模仿生物自然形态的整体，如燕尾服后衣片成燕尾形两片开衩，将燕子轻巧、敏捷的特性赋予服装，用于出席特定场合的礼服，给人成熟干练的感觉（图 3-38）。也可以仅模仿某一部分，但绝不是对自然形态形象的简单模仿，而是设计师对生物的原型有自己的理解和认知，对原型进行概括提炼，最终形成再创造的服装形象。

除了服装整体对生物整体或部分的仿生，也存在服装部分、细节对生物的仿生，如袖型设计中的蝙蝠袖、马蹄袖（图 3-39）、灯笼袖、荷叶袖等，领型设计中的燕领、荷叶领等。

（a）马蹄袖

（b）马蹄袖细节

图 3-39　马蹄袖服装

综上所述，服装设计的构思方法有很多，实际运用中常以多种方法融合出现，很少单独使用。作为当代设计师，第一要深入生活，观察生活，仔细捕捉生活中每一细节，将自然界中一切美好的东西运用到服装中去；第二要以美的眼光欣赏各种艺术，不断提高艺术修养，融合各类艺术形式，激发创作灵感；第三要培养敏锐的观察力和独特的创作方法。设计师要以丰富的情感，开放的思维方式，创造新颖的服装作品，同时又要用敏感而准确的思维来定位，适应特定的市场需要。

第四章
男装单品设计

服装单品设计是指以某种品类或者年龄段、主体材料、民族、功能、季节等性质划分的服装类型作为设计范畴，为某个单体对象或者团体对象设计的单品类服装。服装单品是构成品牌服装产品的必要基本元素，无论是以单品类服装产品为主体的单品牌服装品牌，还是以多品类、系列化服装产品构成产品组合的综合类服装品牌，如果从构成其品牌服装产品的基本单位角度来说，服装单品是构成两者的基本单位。因此，可以说服装单品的设计风貌在某种程度上直接反映着所属品牌的产品设计风格，以及品牌定位、品牌理念等，是服装品牌产品设计的具体付诸对象。本章将从男装的上装、裤装、套装三个方面对男装单品进行分类阐述。

第一节　男装上装设计

男装的上装包括了西装、棉服、毛衣、大衣、马甲、皮衣、衬衫、T 恤、夹克、卫衣、风衣、羽绒服、冲锋衣、Polo 衫等。本节从男装的衬衫、夹克、大衣、马甲等单品介绍男装上装的设计方法。

一、衬衫

1. 衬衫的起源和发展

在古罗马丘尼克时期，衬衫是贴身穿在里面的衣服，被称为内衣。丘尼克的形制类似于紧身连体衣，只有牧羊人或者囚犯才会将丘尼克穿着在外。文艺复兴初期，出现了现代版的衬衫雏形，面料通常采用亚麻或丝绸。17 世纪，领子露出的装饰是身份高贵装扮的象征。既然如此，贵族们就把衬衫领子的可拆卸装饰物的效果应用到了无以复加的地步。领子成为衬衫上可拆卸的配件，而在 16 世纪发明的浆衣技术，成全了贵族们对于领子设计的想象，它们变得愈加庞大与挺括并能保持形状固定。由于硬挺华丽的衬衫领子不便于日常的生活，衬衫的设计趋于简洁化。与此同时，两片领型的衬衫在大众中开始流行，虽然没有贵族衬衫式样华丽，但兼具了功能与装饰性，并为现代衬衫奠定了基本的形态。

18 世纪将衬衫作为内衣的穿着方式依然未改变，直至 19 世纪人们才开始广泛地将衬衫显露出来。人们摆脱当时穿着的腼腆，自由自在地搭配和展示。至此到了 21 世纪，衬衫开始在家庭和办公场所普及并开始取代西装三件套成为可外穿的经典款式，甚至与西装搭配变成正式场合不可取带的经典款式之一。

现如今，衬衫作为正装中必不可少的一份子，其销量仅次于 T 恤和牛仔裤。如此庞大的销售量使得衬衫成为人们衣橱中必不可少的款式之一。衬衫给人的印象是干净整齐的，但是当衬衫的前两颗纽扣打开时，它似乎又成了性感的代名词。

在这样的前提下，衬衫便成了从细节和搭配看男人品位的最佳符号（图4-1）。

图4-1　男式衬衫

2. 衬衫的类型与款式设计

男式衬衫多为长袖和短袖，但较为正式的衬衫为长袖，短袖的多为休闲风格。在正式场合穿的衬衫，应为白色或单色，没有过多图案，格子与条纹一类尽量少穿，彩色的一般不要穿。特别要注意的是，长袖衬衫是正装，短袖衬衫则是休闲装，后者不宜用来搭配西装。

从款式看，衬衫主要有以下领型。

① 标准领。该领型的长度和敞开的角度均平缓被称为标准领，与西装进行搭配，是最为常见的款式，主要穿着于商务活动中。

② 暗扣领。在标准型的衣领上缝制提纽，将领带从提纽中穿过，显得严谨庄重，这种领型的衬衫必须搭配领带。

③ 敞角领。该领型左右领子的角度在120°～180°之间，又称为“温莎”领。穿礼服时通常搭配这种领型，并配以蝴蝶结。

④ 纽扣领。衣领的领尖以纽扣固定于衣身，原是运动衬衫，是所有衬衫领型中唯一不要求过浆的领型，多用于休闲式的衬衫上，如牛仔衬衫。

⑤ 长尖领。细长略尖的领型，简洁概括，体现现代服装多元化的特点，通常搭配古典风格的礼服。色彩多以白色等素色为主。现在都市白领青睐于将其与窄驳头两粒扣西服外套进行搭配。

如今男士衬衫的色彩，已经逐步从白色向多彩的颜色进行过渡。时装大师费雷曾经说：“衬衫是男人体现身份地位的标志，也最能体现自身的个性，但不要穿白色。”不同颜色的衬衫反映了穿着者的社会地位，蓝色系或者淡雅色系的衬衫，会给人传递出一种高品位、高档次的感觉。

3. 衬衫的色彩与图案设计

男人衣橱中衬衫占据了主导地位，在每个季节男人都需要用衬衫进行搭配。沉稳端重的色彩和精良的面料被大量地运用到男式衬衫的设计中，体现出男性的魅力。

① 淡雅色彩。淡蓝色、淡红色、浅黄色、米色、象牙白等淡雅的色彩经常会运用到男士衬衫的设计中，这些清新雅致的颜色既能打破黑白两色的单调，又可以衬托男性的魅力。

② 含蓄纹格。条纹与方格是衬衫经典的纹样设计，在各大品牌的设计中运用各种条纹、方格诠释出不同的风格。

③ 低调花卉。在男士衬衫的设计中也会运用到花型的纹样设计。花卉图案与面料质感配合相得益彰，提花面料、图案分布错落有致的印花面料随处可见，精致的法兰绒是男士秋季衬衫的主打面料。如皮尔卡丹衬衫运用闪着银光的丝质棉料，黑色细线条随意勾勒出花朵和枝叶，男人在行走之间流露出随性的魅力。艾堡德（Joseph Abboud）推出的男士正装衬衫采用立体质感织物、缎纹织物和提花织物，体现衬衫的质感。

身穿花卉图案的衬衫让男人轻易就成为目光焦点，但是要注意，面部轮廓不那么立体的亚洲人，尽量避免穿花卉图案硕大绚烂的衬衫，应选择优雅的壁纸印花图案、碎花的日式街头风格以及美式乡村风格（图 4-2）。

（a）长袖休闲衬衫

（b）西部风衬衫

（c）户外衬衫

图 4-2　不同色彩面料的男士衬衫

4. 衬衫的面料与辅料设计

根据衬衫不同风格会采用不同的色彩和面料。衬衫的面料包括亚麻、埃及棉、丝绸、羊毛、粘胶纤维（图 4-3）。衬衫的辅料包括里料、填料、衬垫料、缝纫线材料、扣紧材料、拉链纽扣织带垫肩、花边衬布、里布、衣架吊牌饰品嵌条、钩扣皮毛、商标线绳、金属配件、印标条码等。

（a）亚麻

（b）埃及棉

（c）丝绸

（d）羊毛

（e）粘胶纤维

图 4-3　男士衬衫常用面料

二、夹克

1. 夹克的起源与发展

夹克一词来源于英文 Jacke 的音译，是现代生活中常见的服装类型，具有造型轻便、活泼、富有朝气的特点（图 4-4）。

（a）飞行员夹克

（b）科技感夹克

（c）套头夹克

图 4-4 男士夹克

在日常生活中人们对服装的功能提出特别的要求，例如假日外出、摄影、钓鱼、游玩少不了带一些零碎的小物件，用防水面料制作的有许多口袋的多功能的夹克，深受人们欢迎。

2. 夹克的分类

按其款式造型来分，夹克大致分为以下四类。

（1）宽松蝙蝠式夹克。该式样的夹克袖口与底摆多为收口型，从而突出宽松的衣身，呈现出蝙蝠的外形。有些在袖口、底摆的衔接处有明显的褶裥和各类装饰性配件，突出其时装化。

（2）战斗式夹克。其特征是多胸袋、翻领、紧下摆、紧袖口，属于紧身、短小精悍的夹克服，适于青少年男子穿着，显得英俊、强健，有朝气，是具有战斗型的服装。

（3）镶嵌式夹克。镶嵌式夹克多在前胸处镶嵌毛织物或皮革等，在材料上运用反差的手法，达到美观、醒目的视觉效果。在设计时应注意领、肩、胸、口袋、镶嵌配件的协调性。

（4）猎装式夹克。猎装式夹克主要用于狩猎、旅游等场合穿着，采用了多个贴式或打裥口袋的设计。圆筒的袖型设计，使其兼具西装与纯夹克衫的优势。西装领、翻驳头也是猎装式夹克常用的设计手法。

3. 夹克的造型设计

服装的造型设计通常是指服装所呈现出的整体外轮廓的形状。夹克的造型一般分为以下几种。

（1）方形轮廓造型。这是一种外轮廓几何等分的四边形服装轮廓，又被称为箱形造型。该样式夹克的肩宽和胸围夸张，衣身长度被缩短，给人一种干练的视觉感受。方形夹克的腰位下摆在坐骨以下，标准夹克的下摆通常都是位于臀围线附近，高腰位的下摆在腰节位附近，具有较强的潮流感（图 4-5）。

（a）方形男士夹克

（b）方形男士夹克款式图

图 4-5 方形男士夹克及款式图

（2）长方形轮廓造型。长方形的轮廓是标准的上衣结构，按照黄金比例（1 ： 0.618）对长宽进行划分。在基本结构中呈现最为直身、宽松的视觉美感，给人以稳健、均衡的感觉，能使穿着者显得修长、稳重。

（3）三角形轮廓造型。三角形轮廓服装分为正三角形和倒三角形两种。正三角形轮廓给人的感觉是稳重、端庄、古典；倒三角形轮廓给人的感觉是别致、现代感、动感和时尚。

（4）梯形轮廓线造型。梯形轮廓的服装与三角形轮廓的服装类似，只是在收窄程度上有所差别。其呈现出上小下大、宽松的结构特征，在中腰线以下逐渐放量。倒梯形轮廓是梯形轮廓的反置，是一种特殊夸张的造型形式。倒梯形轮廓的服装其外形特征是上大下小，上宽下紧的样式。它在人体肩形的添加、装平、装宽、夸张、强调等方面富有得天独厚的造型优势。

4. 夹克的细节设计与装饰设计

夹克的细节设计包括以下几个方面。

（1）夹克的结构线设计

① 夹克采用整体和各种条形分割装饰线相结合的方式，呈现出挺拔的视觉感受，适合于胖体型的人穿着。

② 采用横线分割的夹克，在宽度上具有延展的视觉效果，适宜瘦长体型的人穿着。

③ 斜线条分割和多装饰的前夹克，给人以活泼的感觉，适合青年人特别是女青年穿用。

④ 横直线分割或多种几何图形装饰的夹克，一般体型的青年男女都可选用。

不同结构线的夹克设计如图 4-6 所示。

（a）横线分割夹克　（b）斜线分割夹克　（c）几何图形夹克

图 4-6　不同结构线的夹克设计

（2）领型设计。夹克的领型设计以人体的体型和脸形作为重要参考依据。直线条的领型可以使较丰满的脸型产生一种较刚劲的效果；圆领型对于脖子较短、四方脸形的人起到改善和综合的作用；大而开放的 V 形领，对于过圆的脸形能产生减弱的效果；中高而紧的领型，可以把脖子掩住，以突出表现面部，并可以起到使面部放宽的效果（图 4-7）。

（a）平驳领　（b）立领　（c）V 领　（d）翻领

图 4-7　不同领型的夹克设计

（3）夹克的肩与袖的设计。上肩袖、插肩袖、包肩袖是常见的夹克的肩袖设计样式。上肩袖因便于制作所以在夹克的设计中最为常见。插肩袖和包肩袖的设计来源于雨衣的设计，会有一种溜肩的感觉，肩窄的人不宜穿着此类型。

三、大衣

1. 大衣的类型与特征

大衣是男士穿在最外层、体积较宽松的，具有防风雨、挡严寒功能的秋冬服饰产品。男士外套源于亚洲北部，13 世纪时由蒙古帝国流入欧洲，此时外套的造型、结构发展得很快。大衣在 18 世纪时成为欧洲上层社会男士的主要外套款式，那时的款式一般在腰部有横向分割线，腰围合体，当时称为礼服大衣或长上衣。至 19 世纪出现了现代大衣的各种款式，19 世纪 20 年代，大衣成为日常生活服装，衣长至膝盖略下，大翻领、收腰式，门襟有单排扣和双排扣设计，60 年代，大衣长度又变为齐膝式，连腰设计，翻领缩小，有丝绒或毛皮装饰，以贴袋为主，多用粗呢面料制作。

根据用途、形态、面料的不同，大衣有着不同的细分品类。按照用途分类有防寒大衣、军用大衣、礼服大衣等；按照形态分类有长袖大衣、半袖大衣、直身型大衣、卡腰式大衣、宽松式大衣等；按照面料分类有梭织面料大衣、针织面料大衣、毛皮与皮革面料大衣、复合面料大衣等；根据长度分类有长款大衣（长度过膝盖）、中长款大衣（长度在臀围线至膝盖之间）、短款大衣（长度在臀围线附近）三种。

2. 大衣的设计要点

（1）基本廓型与结构。大衣常用的廓型有 T 形、H 形、V 形、X 形和梯形等。大衣的造型特征和款式构成受肩袖形式的影响，方肩、装袖的形式通常与合身的 X 形和半合身的 T 形相配，插肩袖、半插肩袖结构则适用于宽松的或半宽松的 H 形，这样的处理方法不仅符合不同大衣的功能需要，而且在大衣的整体造型上更能达到风格的统一。

经典大衣的款式原型为外罩可脱卸披风的宽松长大衣，这种大衣款式起源于苏格兰港口城市因佛尼斯（Inverness），也称作披肩大衣。现代男式经典大衣的款式已经发生了变化，将外罩披肩逐渐简化，变为装饰性大于功能性的前育克，款式大多为直身宽腰式，H 形、T 形为经典大衣的主要廓型，受流行时尚的影响，A 形、X 形廓型的大衣也较受消费者欢迎。

商务大衣的设计风格讲究精简干练的线条及合体修身的裁剪，常使用 H 形廓型，中长款造型。搭配驳领、翻领，以平整硬挺的装袖为主，也有一些造型饱满的插肩袖结构，单排扣、双排扣结合明门襟或暗门襟设计，口袋以插袋为主。一件合身的商务正装大衣既能达到御寒的目的，又能体现着装者良好的时尚品位以及挺拔干练的自我形象。

休闲大衣中最具代表性的就是达夫尔大衣（Duffle Coat），基本样式是带风帽的牛角扣羊毛粗呢大衣，这种大衣有可以御寒的连帽领，前门襟有大大的牛角扣，两侧为大而舒适的贴袋。随着时代的发展，达夫尔大衣、海军粗羊毛呢短大衣等款式逐渐成为深受年轻人喜爱的休闲大衣，常常可以在校园风格、航海风格的服装中看到这些大衣样式（图 4-8）。

（a）达夫尔大衣

（b）海军粗羊毛呢短大衣

图 4-8　休闲大衣

（2）面料。男式大衣通常选用具有保暖、轻柔、结构丰满、手感好、垂感好的毛呢面料。随着生活水平的提高和生活方式的改变，在传统面料的基础上，对面料塑型、保型的要求也越来越高。根据不同的季节气候，冬季常用各类厚型毛呢面料，如羊毛羊绒粗纺面料、麦尔登呢等，或者动物毛皮制作裘皮大衣或皮革大衣，还有使用各种填充絮料的棉大衣、羽绒大衣。春秋季则适用薄型毛呢或混纺面料，如贡呢、马裤呢、巧克丁、华达呢等。

（3）色彩图案。男士大衣是穿在最外层的具有防寒保暖功能的服装，受季节的影响，一般采用色彩饱和度较高的深色，或者经典的中性灰色，明度、纯度较高的色彩应根据穿用场合与目的确定。休闲类大衣色彩设计受流行趋势影响，多使用沙土色系或军绿色系；一些经典的苏格兰格纹、条纹、人字纹、千鸟纹等也常出现在学院风或复古风的系列大衣设计中（图 4-9）。

（a）苏格兰格纹大衣

（b）人字纹大衣

（c）千鸟格大衣

图 4-9　大衣的纹样设计

（4）装饰细节。大衣的细节设计通常集中在袖型、领型、口袋、门襟、扣襻等处，变化较西服多，与之配套的饰品、配件的形式也比较灵活（图 4-10）。

（a）明线设计

（b）两种面料设计

（c）金属纽扣

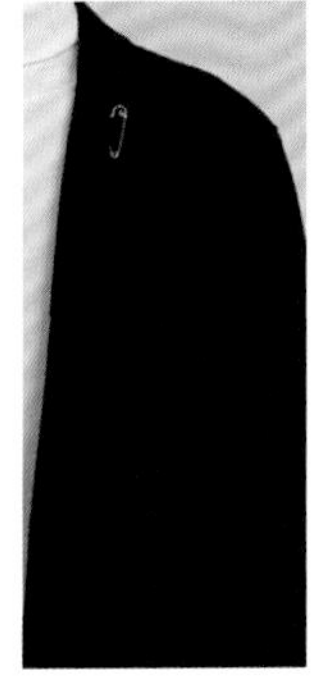
（d）领扣设计

图 4-10　大衣的细节设计

四、马甲

马甲即无袖上衣，也称为背心。马甲成为男子正式服饰始于 17 世纪，当时是用缎子和丝绒做成的，原先颜色较浅（通常是白色），后出现了上有精细的风景、花卉、动物刺绣的马甲，用金银、瓷釉作装饰扣，穿着时马甲上面几粒扣子是扣住的。马甲是男性着装构成中较为普遍的一种搭配方式，特别是在传统的西式套装穿着组合中是不可缺少的礼仪服饰之一，并成为一种标准，而随着生活观念、着装理念的改变，这种墨守成规的方式也逐渐被改变，市场消费中出现了不同形制的马甲和相应的穿着方式。

1. 马甲的基本廓型与结构

对于礼服马甲来说因所搭配礼服级别的不同，马甲的基本廓型也有所区别，在晨礼服搭配中马甲的基本廓型分为单排的五粒扣或六粒扣无领的款式和双排六粒扣的戗驳领或青果领的标准马甲。而在晚礼服中为四粒或三粒扣方领标准款马甲。

2. 马甲的类别与设计分析

依据马甲的款式和着装搭配、服用功能等，马甲一般可分为礼服马甲、运动休闲马甲和职业专用马甲三种，下面对这三种马甲的设计与结构做简要介绍。

（1）礼服马甲的设计与结构。礼服马甲是与男士礼服、西服相配套的款式，穿在外衣里面，再加上相应的裤装构成一种标准的三件套形式，广泛适用于不同的礼仪场合。这种三件套的礼服穿法最早出现于西方 17 世纪中期，到了 18 世纪非常盛行，最初的实用装饰功能在不断发展的过程中，逐步演变成礼仪功能，色彩也从华丽花哨转向高贵素雅。

马甲作为现代男士礼仪服饰的标准配备之一，很大程度上是配合整体设计的需要，遮盖衬衫与裤子在腰间皮带的连接部位，使其整体流畅得体，同时也可适当增加层次感和节奏感。现代着装形式上，也有不配备马甲的礼服套装搭配，更加随意自然。在重大场合也可以封腰（用黑色缎料制作的三层褶裥宽腰带）代替马甲。

晨礼服的马甲十分讲究，一般采用浅灰色或者亮面灰色的质地，双排扣或单排扣。采用 V 形领口和倒尖领或青果领，这种领型古典优雅，弧线优美，四个对称的双线插袋，下摆到达腹部成 V 形，优美修身。

燕尾服马甲的领型特点是 V 形领口或梯形领、戗驳领或青果领。一般是三粒扣，两个口袋或者干脆省略口袋，一般是 W 造型下摆。

另一种晚装礼服马甲是 U 形领口、四粒纽扣、两个对称的双线插袋。此外还有一种形式，正面衣片越靠近脖子越窄，直至肩线与衣领同宽，没有后片而用一种叫作卡玛腹围腰带固定穿着。卡玛腹围腰带一般与塔士多礼服的领子面料相同（图 4-11）。

图 4-11　卡玛腹围腰带

（2）运动休闲马甲的设计与结构。运动休闲马甲的种类繁多，如钓鱼马甲、猎装马甲、牛仔马甲、防寒的羽绒马甲等，这类马甲以多口袋设计为主，军装和职业服都可以成为其灵感来源。装饰性和功能性并存的口袋，在马甲上不同的位置其形状和功能也各不相同，马甲内层也有不少口袋。根据季节和场合的不同，内层辅料的选择和搭配也比较讲究和丰富。在色彩搭配方面，运动休闲马甲适合面较广。面料选择也无限制，总体造型要比西装马甲宽松。运动休闲马甲可以搭配除礼服外的许多服装，也可单独穿着，是非常实用的男装单款。例如随着社会的发展和着装方式的多样化，马甲与西服、衬衣的搭配着装方式已经变得不那么必须，年轻消费者常常打破固有的着装方式，将马甲与 T 恤等服装进行搭配穿着，并成为一种休闲时尚（图 4-12）。

（a）钓鱼马甲

（b）羽绒马甲

（c）猎装真皮马甲

图 4-12　运动休闲马甲

（3）职业专用马甲的设计与结构。职业专用马甲是专门为某个职业或工种设计的专用马甲，表现在细节设计上都是为了特定职业的特殊需要而设计的，很讲究实用功能。面料选择上也是考虑到了职业需要，专业性强。如摄影师用的摄影马甲，前身设有 6 个或更多口袋，中间由通袋将上下分为两个部分，胸袋采用箱式设计并附加皮革以防潮，下边口袋设计为拉链的嵌线袋，最下面大袋采用箱式口袋设计以增加容量。袋盖多采用尼龙搭扣设计以提高操作性，大袋侧身边缘压缝金属系环便于挂钩物品。此外，摄影马甲的全部边缘用织带滚边加固。摄影马甲内外设计的多种类型口袋和夹层都是考虑到要放置摄影器材和用品，防水面料的使用是防止室外进行摄影工作时胶卷和擦净纸等用品受潮。如果是钳工、电工等机械性工种，其专用马甲上一排窄长口袋是专门为他们放置专用工具而设置的，面料厚实，颜色深沉而耐脏（图 4-13）。

（4）面料特性与马甲类型的匹配。马甲所用面料视马甲的类型不同而不同，通常套装马甲的前胸制作面料需采用与西服套装、西裤同一材质的配套面料制作，多采用与套装相同的颜色，视礼服的搭配礼仪不同，也有采用银灰色同质面料制作，如晨礼服。后背则通常采用与套装里料相同的材质和颜色的里衬材料来制作。

休闲马甲的面料选择范围则广泛很多，市场中常见的有色织面料制作的马甲，也有各种格纹制作的，有皮革材料制作的皮马甲，有各种混纺面料制作的马甲，也有牛仔面料制作的休闲马甲，习惯上也称为牛仔背心。职业马甲因为职业特点的功能需求，通常采用厚实、耐用的面料，还需要具有抗皱、耐脏、防水等功能。各种不同风格的面料构成了休闲马甲的不同风貌，使得男装消费市场变得更加丰富，也使得消费者的穿衣搭配有了更多的选择。

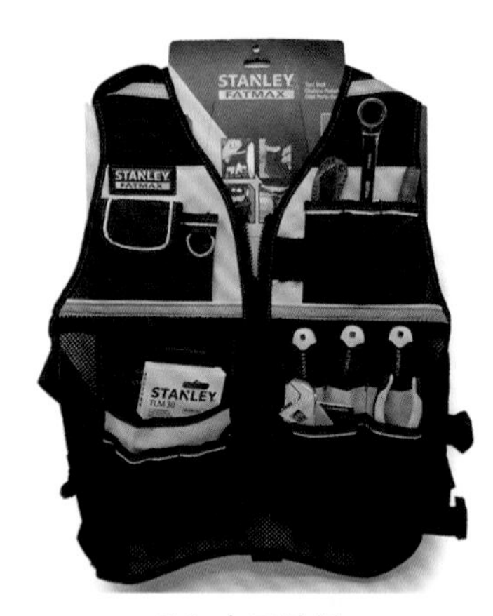

（a）摄影师马甲　　（b）电工马甲

图 4-13　不同职业的马甲

第二节　男装裤装设计

裤装是指包裹双腿且有裆部结构设计的下装单品。纵观中外服装历史资料可以发现，裤装在东西方服饰构成中均有着悠久的发展历史，并且在不同历史时期有着各自不同的结构特征和命名方式。在西方，早在 14 世纪的文艺复兴时期，紧身裤样式霍斯就已经在男子服饰中出现；16 ~ 18 世纪，半截样式的布里齐兹成为流行款式；到了 18 世纪末法国大革命时期，现代裤装造型基本确立，不过当时只是下层社会的工人穿着；随着 19 世纪中叶体育运动的普及，这种实用方便的款式逐渐被人们所接受。到了 19 世纪末期，男式长裤的各项形式渐趋稳定，并被社会加上了道德、审美等附加意义，成为男性的日常时装。

下面列举男士在生活中穿用频率较高的西装裤、休闲裤和牛仔裤三种裤装类型，对相关裤装的设计方法做进一步的阐述。

一、西裤装

西装裤简称（西裤），其造型简洁合体。正式的西装裤，裤腿正面正中有挺缝线，从而显得裤腿挺直修长，庄重大方。男式西裤一般为直筒型，略呈锥形，是最常见的一种男装裤型。典型的男式西裤立裆较高，裤腿直线往下，稍稍内收，一般将裤口尺寸处理成小于中裆，视觉上呈直筒形。裤口翻边或者不翻边均可，裤长一般长及鞋面或者盖住鞋帮。有腰头设计，一般系皮带，裤前后皆有省道和活裥，两边有对称的侧斜插袋，臀部有对称的两后袋，一般为双嵌线，有袋盖或无袋盖，这是西裤的传统形式，穿着效果挺括有朝气。男西裤面料一般与西服一致，要求面料平挺爽滑，柔软坚牢。夏季的裤料要轻薄透气，悬垂感强；冬季面料要求吸湿耐磨，保暖透气。男式西裤一般采用米黄、浅咖啡、深棕、藏青、烟灰、黑色等沉稳的深色调（图 4-14）。夏季也可采用一些淡雅的颜色如纯白、象牙色等。西装裤可以出入正式和非正式场合，其搭配性、组合性、协调性都比较强，所以不同年龄、职业、体型的男性均可以穿着，是一种具有普遍适用性的服装。现代西装裤中也有休闲型的设计，并且逐渐模糊了与休闲裤的界限。在长度上有到大腿二分之一处的西装短裤，还有颇具街头时尚感的七分、九分西装裤。

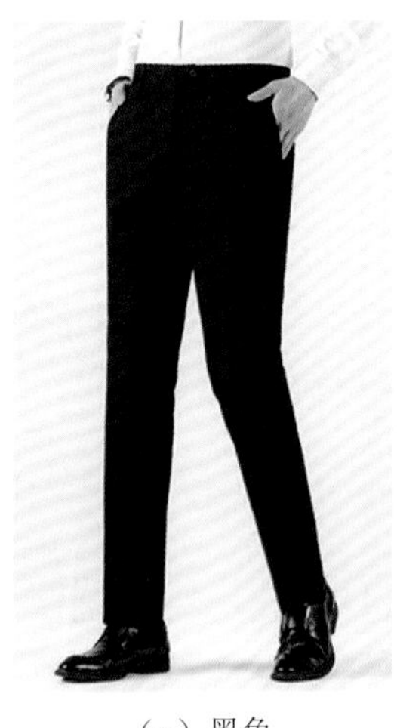
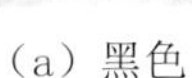
（a）黑色

（b）藏青色

（c）灰色

图 4-14　不同颜色的男式西裤

男装裤子款型和种类变化不大，长期以来处于“稳中求变”的情况，但是对版型、缝制工艺、面料选择、细节处理等方面有着非常高的要求（图 4-15）。对于男性着装来说，很多时候裤子的品质更能够体现着装品位和文化修养，裤子在整个男装服饰中有着不可忽视的地位。同时，裤子设计应注意与上装的面料、颜色、款式相协调。

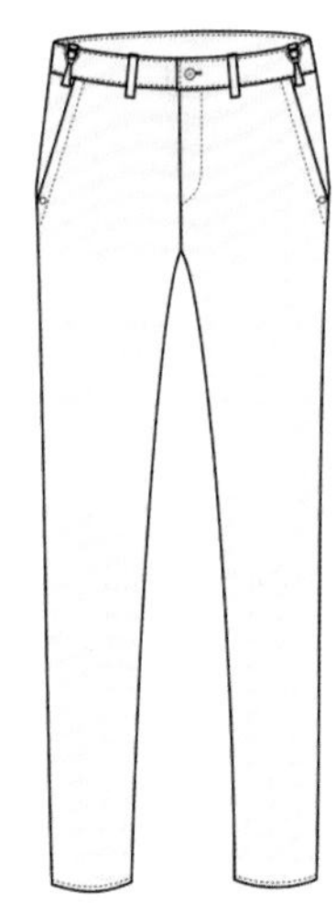
图 4-15　男式西装裤款式图

二、休闲裤

休闲裤是男士日常生活中穿用频率最高的裤装类型，多指廓型宽松，设计风格自由舒适的裤装类型，常运用分割设计、多口袋设计、缉线设计，以及运用拉链、抽绳、铆钉、纽扣等辅料作为设计元素（图 4-16）。休闲裤的设计手法无固定的形态，讲究随意性、舒适性和流行性，并且有着无限的灵感来源，是设计师发挥创造力和追求个性的绝佳领域。从工装元素、军装元素到充满游艺感的轻快街头风格，以及大量多变实用的工艺手法，结合面料和色彩，使休闲裤设计风格更具自由精神和时髦风尚，如卡其布水洗做旧、牛仔布与针织或皮革拼接、彰显风格的个性图案、多种个性造型的金属附件的局部设计应用等，都为休闲裤设计提供了广阔的自由空间，满足了设计师在休闲裤设计中的需要（图 4-17）。

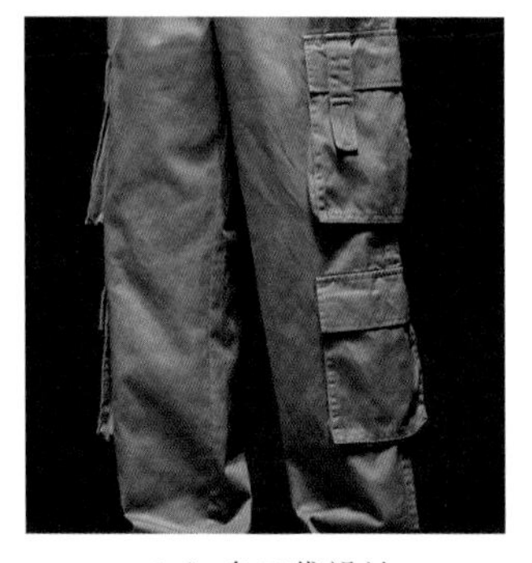
（a）多口袋设计

（b）铆钉设计

（c）纽扣设计

图 4-16　休闲裤的细节设计

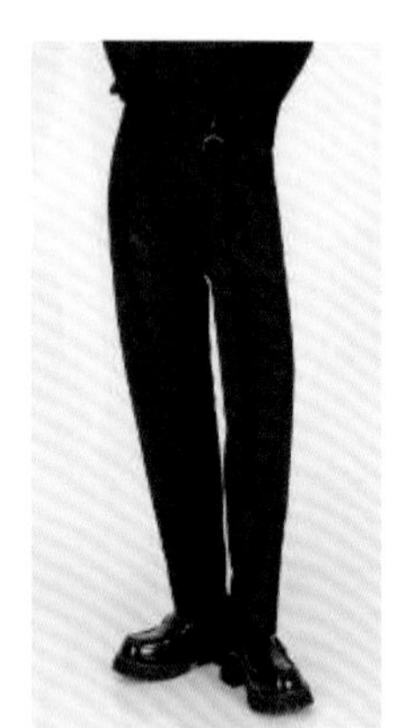

图 4-17　休闲裤

休闲裤制作的面料选择非常丰富，依据款式设计的定位需要，可选择的面料范畴非常大，目前国内男装休闲裤主要采用棉、麻或棉加化学纤维加工而成，常用的有棉、毛、丝、麻、各种化纤以及各种混纺或交织面料。

三、牛仔裤

牛仔裤面料一般为牛仔布，是一种质地坚牢、厚实的斜纹面料，现在也很流行弹性牛仔面料，裁剪一般比较合身。牛仔面料水洗后会略有收缩，增厚变紧，但回弹性也较好。牛仔裤配 T 恤是典型的年轻人装扮，也可以配衬衫、休闲西服等各种上装，搭配得当时各有风采。虽然牛仔裤是从工装裤演变而来的一种休闲裤，但是它舒适随意，款型时髦，已成为深受欢迎的单款，男女老少们对牛仔裤的喜爱程度，都大大超出了人们的想象。牛仔裤从最初的功能性和实用性占主体的工装类服装，渐渐演变成今天代表时尚、活力的主导型产品，甚至可以支撑一个品牌。如世界一线品牌：李维斯（Levi's）、卡尔文·克莱恩（CK）、苹果（Texwood）等，都以牛仔裤为主体。牛仔裤时常被冠以狂野、豪放、性感等关键词句，并被赋予品牌精神内涵，迎合了年轻人的需求。

受流行时尚的影响，牛仔裤不断地演变更新，在保持牛仔风格的基础上变化多端，纵观近几年的趋势，牛仔裤的时尚魅力不减反增，成为表现个人风格的最佳单品。近几年牛仔裤走出传统框架，加饰了放大的撞钉、红皮标及纽扣，加上粗壮的双弧缉线绗缝线和纯靛蓝本布牛仔面料，这些使得牛仔裤的形象更加热烈、新潮；以超低的前腰提臀和相对抬高的后腰版型设计，极富安全感。在面料表现上出现了多样化的后处理，如洗水洗色、漂染、皱褶、拼布、刷旧、脏污、磨损等做旧手法，能展现多元的时尚风格（图 4-18）。

（a）水洗工艺

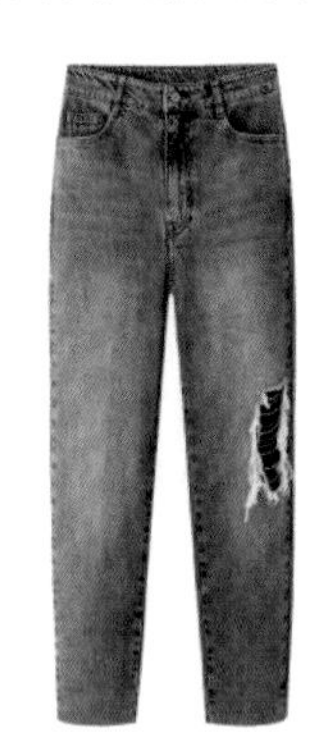
（b）磨损工艺

（c）皱褶工艺

（d）拼布工艺

图 4-18　不同制作工艺的牛仔裤

牛仔裤的流行经久不衰，被列为“百搭服装之首”。牛仔裤的面料和花色也越来越丰富。牛仔裤的款式成为更加多元化、时装化、休闲化的发展趋势。大量的配饰五金、皮革被使用，针织、色布拼接等制造工艺在我国快速的发展。

牛仔裤也从最早的直筒发展出修身、韩版、小脚、小直筒、袴裤、连体、复古、喇叭等各种新类型（图 4-19）。

（a）修身款

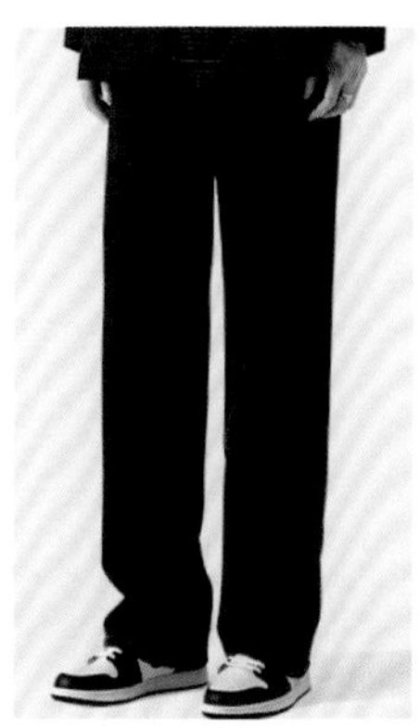
（b）直筒款

（c）连体款

图 4-19　牛仔裤款式图

牛仔面料的样式有平纹、斜纹、人字纹、交织纹、竹节、暗纹等。从成分来讲，牛仔面料分精梳和普梳，有100%全棉的，有含弹力（莱卡）的，有棉麻混纺的以及天丝的（图4-20）。

（a）莱卡牛仔面料　（b）亚麻棉牛仔面料　（c）天丝牛仔面料

图4-20　牛仔裤面料

四、内裤

内裤又称为裤衩，主要作用是保护男性的外生殖器。中国男人开始穿内裤是从周朝开始的，尽管它已发展了数千年，但在保守的年代，这种属于绝对隐私的东西发展极为缓慢，“遮羞”仍被许多男性视为内裤的主要功能。男士内裤的常见款式有三角内裤、平角内裤、四角内裤、阿罗裤等。男士内裤常见款式如表4-1所示。

表4-1　男士内裤常见款式

三角内裤	平角内裤	四角内裤	阿罗裤
紧身针织	紧身针织	紧身针织	宽松梭织

第五章
男装服饰品搭配设计

时至今日，男装服饰品搭配设计已成为男装设计的重要组成部分。本章从男装服饰品风格特征着手，阐述男装服饰品与男装流行趋势之间的关系，并对一些主要服饰品配件的设计做简要介绍。最后从服饰整体搭配的角度讲述男装系列产品服饰搭配的作用和方法，使读者了解到合理地运用配饰搭配可以很好地塑造着装整体形象，强化着装者的着装风格特征，满足着装场合需求。

作为男装设计师，需要明确服饰品对于产品系列整体风格的重要作用和具体搭配设计方法，而作为男装产品消费者，则需要掌握如何通过服饰品搭配来使得自身的着装整体形象符合出席场所的整体氛围。

第一节　男装服饰品设计特征

服饰品在其长期的发展历程中，映射了时代与社会的变迁，受到经济、文化、地域、战争、宗教、艺术等因素的影响，同时，也受到特定条件中的设计者的个人审美及其创作风格的影响。男装服饰品亦如此，有所差别的是在设计风格上，会更加趋于表现男性特征，这些风格特征主要包括民族民俗、摩登都市、自然回归、奢华繁复、简单纯粹、街头时尚、未来科技等特征。

一、民族民俗风格

1. 民族民俗风格综述

民族民俗风格不是一个抽象的概念，而是由一些生动具体的形象元素来体现，是一种具有浓郁的民族气息和生命力、充满神秘感又兼具时尚元素的风格。服饰品整体风格具有一定历史性、地域性与象征性。在男装服饰品设计中，常采用借鉴、衍变、创新等手法进行设计创作，设计师往往需要大量搜集整理不同国家和地区的不同民族服装的款式、色彩、图案、材料及工艺等，同时，融入时代审美与流行趋势元素（图 5-1）。

在男装服饰品设计中，常选定一类民族服饰品为蓝本，以地域文化作为创作灵感，结合设计师对着装者个人特质的认识与理解，加以变化运用。处理好传承性与创新性

（a）佩斯利

（b）复古腰果花

图 5-1　多样的民族民俗风格图案

之间的平衡是民族民俗风格男装服饰品设计的关键点。

图 5-2　佩斯利涡纹式的繁复花纹产生令人迷幻的效果

以佩斯利（Paisley）图案为例（图 5-2），它诞生于古巴比伦，兴盛于波斯和印度，18 世纪风靡欧洲上流社会。直至 20 世纪 60 年代，随着嬉皮士兴起，佩斯利图案受到披头士、摇滚巨星吉米·亨德里克斯（Jimi Hendrix）和大卫·鲍伊（David Bowie）的青睐（图 5-3）。佩斯利图案充满着异域风情的华美与复古，同时涡纹式的繁复花纹，产生了令人迷幻的效果。古驰（Gucci）、范思哲（Versace）、MSGM 等品牌通过新的配色和拼贴的图案形式，从新的角度诠释佩斯利纹样，不仅是一种奢华复古的传统纹样，更富有音乐性、浪漫的特质。

意大利著名服装品牌古驰新近创作的“终曲”（Epilogue）时装系列，通过佩斯利图案来诠释古典音乐术语描绘着品牌时装的未来蓝图（图 5-4）。大量采用撞色的对比方式，在延续复古色调的同时又增加了视觉上的冲击力，简洁抽象化的纹样设计，弱化了复古感，增加了时尚的艺术气息。

（a）披头士乐队成员身着佩斯利元素服装

（b）民族元素配饰

图 5-3　奢华复古的民族民俗风格服饰品

（a）佩斯利元素男装

（b）佩斯利图案

图 5-4　佩斯利图案在男装服饰品设计中的运用

2. 色彩倾向

色彩灵感来源广泛，以具有浓郁的民族风格色彩为主，不光汲取典型的民俗民族服饰品色彩，民族建筑、生活用具、肤色、动植物等具有民族风格、地域特征的色彩都会被巧妙地运用（图 5-5）。

范思哲品牌将丝巾印花进行组合拼贴，选用了亮色对比的配色方式，用强烈的视觉冲击，改变了传统丝巾印花给人留下的奢华印象，令图案适用的年龄跨度更广。在佩斯利丝巾图案的设计中，加入了千鸟格的几何元素，在花型上强化了复古感。配色上选择流行色对拼，用于格纹中，互相中和起到了视觉平衡的作用，图案兼顾了奢华性与流行性（图 5-6）。

(a)领带、包

(b)帽子、腰带

图 5-5　民族民俗风格男装配饰

图 5-6　民族民俗风格元素在丝巾中的运用

3. 材料特征

面辅料色彩、肌理、织造方法等多取材于具有浓郁民族民俗风格服饰，通过再造、再处理等方法加以运用（图 5-7）。

4. 设计细节

民族民俗风格服饰品设计细节或者工艺细节往往会呈现出某种民族服饰品的特征。例如，在男装服饰品设计中延用旗袍的滚、镶、嵌、绣等工艺手法（图 5-8）。

图 5-7　民族民俗风格面料再造呈现强烈的肌理感

图 5-8　民族民俗风格配饰的工艺设计

二、摩登都市风格

1. 摩登都市风格综述

摩登都市风格服饰品设计多是从现代都市文明中汲取设计灵感。设计师根据流行趋势及设计主题的需要，从现代工业文明影响下的都市环境、生活场景和现代都市的流行文化中汲取设计灵感，将都市文明中具有标志性的设计元素进行提炼、整合用于服饰品的造型、结构、风格、纹饰等设计中。

例如，在服饰品设计中借用具有标志性的建筑风貌、桥梁结构，甚至是夜晚光怪陆离的霓虹灯，以及相应的夜生活场景与生活方式等反映都市摩登生活的元素经过设计师的提炼加工都可以用于男装服饰品设计中，其中，权衡设计元素的简单借用与创新发展是设计师把握摩登都市设计风格需要重点考量的关键要素之一（图 5-9）。

（a）造型设计

（b）图案设计

图 5-9　路易 · 威登 2021 秋冬男装系列摩登都市服饰品设计

2. 色彩倾向

色彩灵感主要来源于摩登都市的各种标志性建筑与夜晚斑斓的霓虹灯光，依据具体的设计灵感来源的不同，呈现出多种不同的色彩风貌，或表现建筑简洁、冷峻的色系，或表现夜晚斑斓霓虹的多彩色系（图 5-10）。

（a）灯光应用

（b）陈列设计

图 5-10　陈列中的摩登都市色彩与男装服饰品产生的视觉对比

3. 材料特征

面辅料借用摩登都市生活环境的多种材料组合搭配方式，例如，服饰品设计中借用建筑风格的金属材料与其他材料的混搭应用，也可以借用光感材质的亮片和金属配件来表现都市夜生活场景，从而起到表达设计主题的作用。

4. 设计细节

在产品结构或者造型设计中，以表现都市环境中某类标志性的符号为设计细节表现的重点，例如在某一服饰品中借用某标志性建筑的造型或者框架结构（图 5-11）。

图 5-11　巴尔曼（BALMAIN）摩登都市风格服饰品的应用

三、自然元素风格

1. 自然元素风格综述

自然元素风格的男装服饰品是指在男装服饰品设计时，设计师充分利用自然资源的多种元素作为设计灵感来源进行设计创作（图 5-12）。设计师从自然环境中的原始部落、自然界独特风貌，以及各种自然、原始的地形地貌和生长在其中的各种动植物、自然生物中发掘设计灵感。

（a）自然元素的应用

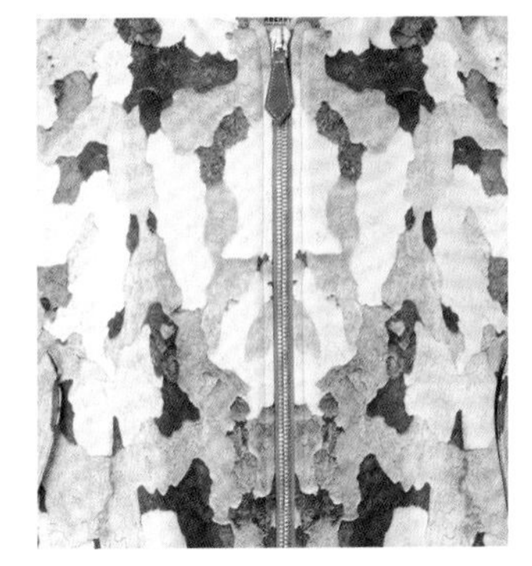

（b）自然元素的面料

图 5-12　纯粹斑驳的自然元素风格男装设计

同时，那些具有悠久传统文化积淀的原始部落文明也为设计师提供了无尽的灵感来源，这些自然原始的生活方式、图腾崇拜、图形文字，以及生活中改造自然，与自然和谐共处的技艺和方法，甚至是这些古朴自然生活场景中的自然风光，斜阳夕照、残垣断壁、沧桑古树等之类未加修饰的自然景观也可以成为自然回归主题男装服饰品的设计语言（图 5-13）。

2. 色彩倾向

此类服饰品设计色彩倾向表现出浓烈的自然原始状态，作品充满淳朴的质感和浓郁的自然气息。作品中既有充满怀旧气息的、质朴的色彩应用，也有提取于自然元素中，原始华丽的、未加调配的艳丽色系。例如男装品牌杰克琼斯（JACK&JONES）大胆融合大地色彩，创造出活泼明亮且奔放独特的时尚单品（图 5-14）。

（a）图形文字

（b）图腾崇拜

图 5-13　回归自然元素风格的设计语言

（a）自然淳朴

（b）色彩高级

图 5-14　充满淳朴质感的服饰品设计

3. 材料特征

此类风格服饰品的设计制作材料或是直接利用自然环境中直接提取的、未加工或者经过简单物理加工的材料，或是将设计材料进行适当的加工，使得材料呈现出自然质朴的风貌（图 5-15），再用于设计作品中。

4. 设计细节

作品设计细节、工艺细节充满自然质朴的风貌，作品的局部设计表现出某种自然形态的肌理特征，或应用某些原始部落经典的工艺技术和代表性的细节设计，表现具有自然回归风格的服饰品（图 5-16）。

图 5-15　提取自然风貌色彩的配饰

（a）配饰及细节

（b）整体

图 5-16　自然元素风格配饰的运用

四、未来科技风格

1. 未来科技风格综述

科学技术是推动社会进步和文明发展的力量，随着社会现代化程度越来越高，崭新的科技成果也得到广泛应用。高科技覆盖了地球，电子科技的应用把世界连在了一起，为人们的生活带来便捷，也促使了人们思维方式的转变，使人类生活更多地依靠科技进步，可以说现代社会生活科技进步所带来的影响已触及人们衣食住行的方方面面。

崇尚新科技、新材料、新时尚的服饰品设计也自然不会落伍于社会流行风潮，很多新型的科技发明所引领的设计理念在问世的第一时间便会被设计师敏锐的嗅觉所捕获。设计师借鉴科技成果的新材料、新工艺、新理念以及相关全新信息，运用于服饰品设计中，使得男装服饰品充满了奇妙的未来感与科技感，给着装者在穿用时除了带来新型的服用功能，同时又增添了美妙的新奇感受，也为服饰品注入了新的卖点，创造出新的经济价值（图 5-17）。

图 5-17　博柏利店面中未来风格的陈列设计

2. 色彩倾向

由于此类风格的服饰品设计灵感多借鉴于科技成果，或者是对于未来科技的概念设计，在产品色彩设计搭配时基本是以表达未来科技感的色彩系为主。设计中会较多地运用科技产品常采用的冷色系，如绿、青、蓝、紫等；中性色系，如黑、白、灰色系；金属色系，如金色、银色、玫瑰金色等（图 5-18）。

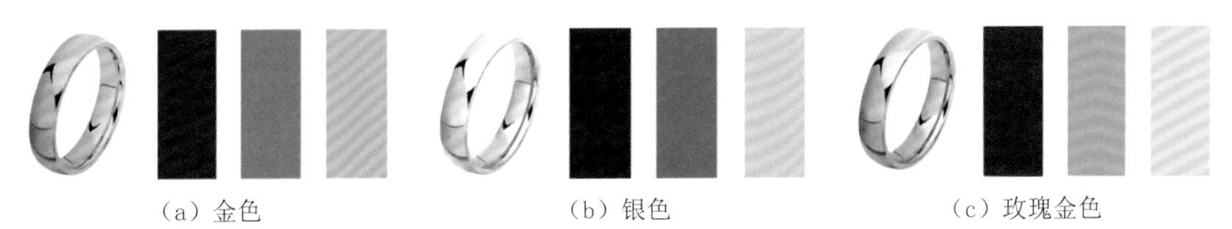

（a）金色　（b）银色　（c）玫瑰金色

图 5-18　金色、银色、玫瑰金色的金属色系区分

3. 材料特征

未来科技风格的男装饰品设计在材料选择时常会借鉴新科技成果的新材料并付诸新工艺技术，或是以类似的替代材料来表达这种未来风的科技感效果，通过简洁的造型设计，赋予全新的服装功能。如 2022 年迪奥秋冬男装，针织卫衣采用了科技反光的工艺，使图案在昏暗的环境中产生反光的视觉效果（图 5-19）。

（a）日光效果

（b）夜光效果

图 5-19　科技材料的反光工艺呈现的光效果

4. 设计细节

由于此类风格的服饰品设计产品往往代表了新型的科技成果，或者是对于未来设计潮流的概念表达，在市场销售中年轻消费者相对会更加容易接受。

21 世纪，不少服装设计师尝试对未来科幻感的服装风格展开想象和创作，比较常见的是设计师将科技装置与服装结合，表现材料则使用多种形式，甚至跨材料运用到服装设计上。将未来科技风格与服装设计展示结合在一起，可以产生全新的视觉效果，有利于增加服装创新的互动艺术乐趣。因此，在进行男装设计时，需要把握年轻消费者对新鲜事物的消费心理，进行有针对性的设计。

第二节　男装服饰品流行趋势现象分析

流行趋势指一定时期内，社会或某种群体中广泛流行的一种表达方式，它存在于一定的历史时期以及一定数量范围的群体，受到某种意识形态的驱使，以模仿为媒介，而普遍采用某种生活行为、生活方式或者是意识形态所形成的社会现象。时尚流行趋势并非因为某场大秀而诞生，而是在某一个时期，针对某一类人群，因为某些事物启发才被传播开来。分析时尚流行趋势有助于设计师更好地了解时尚动向，把握男装服饰品流行趋势。

一、男装及其服饰品流行性分析

对于服装设计师而言，每一季产品开发过程都是一个系统的工程。开发新一季度时尚产品的第一个环节，便是对流行趋势的掌握，因为这将直接影响到下一季度款式的设计、面料选择以及颜色搭配。无论是设计师还是产品研发工作人员都需要清晰、充分地调研了解掌握流行趋势的信息，客观地整理市场的需求，才能在产品诞生的时候得以取得大众的青睐与追捧。流行趋势主要来源于两个方面：收集信息、整理需求。

纵观男装服饰的发展历程，除了少数时期因社会审美流行等因素的驱使，男装表现出分外的华丽繁复，被称之为“孔雀革命”时代，多数时期男装的消费理念依然受限于男士在日常社会生活中扮演的角色。同时，因受到社会审美观念的导向，对男士形象提出的沉稳、干练等社会角色形象要求，大多数男士选择服装及相关饰品时均较为重视产品的功能性而相对较少地注重产品的装饰性、设计性等。除了相对年轻的青少年男装产品会因消费者年龄定位和消费需求将产品设计得相对大胆时尚（图5-20），成熟男装品牌总是会表现出沉稳的产品设计定位，从而契合社会审美对于成熟男性严谨、干练的着装审美需求。

（a）时尚男装

（b）成熟男装

图5-20　大胆时尚的青少年男装与知性稳重成熟的男装

通常情况下，成熟风格的男装品牌对服饰品流行的反映程度一般会小于女装服饰品对流行时尚的推崇和表达，而是以较含蓄的方式来表现品牌对流行时尚的理解和服饰品的设计及应用，以此来保持品牌较为恒定的设计风格，例如博柏利经典男风衣一直以来保持较为恒定的设计风格（图5-21）。

图5-21　博柏利经典男风衣

二、时尚流行趋势下服饰品潮流分析

当今社会的流行趋势涵盖了生活的多个方面，不仅包括服饰流行趋势，还渗透到彩妆、音乐、舞蹈、体育、装潢、建筑、工业设计、语言动作及多媒体设计等多重领域，服饰品流行是其中表现尤为活跃的流行现象。

流行趋势预测是指，对今后一段时间的流行现象做出有根据的预见性评价。在服装产业内，流行趋势预测是由专门的流行预测机构，如流行研究中心、服装行业协会、品牌服装企业内的企划部门和流行分析家等发布的。国际上著名的权威流行趋势发布机构有英国在线时尚预测和潮流趋势分析服务提供商 WGSN（Worth Global Style Network）和潘通（PANTONE）等。我国权威的流行趋势的发布机构有中国流行色协会和中国流行面料（Fabrics China）等（图 5-22）。

图 5-22　时尚流行趋势下的服饰品潮流

相比之下，在人们衣食住行中，服装及其饰品受到时尚流行趋势的影响尤为明显，表现出异常的敏感，并涵盖了产业相关的多个组成部分，服装设计、服饰品设计、店面陈列、搭配方式等多个方面的设计风格、工艺方式、材料构成，以及人们的穿衣搭配方式等方面都会及时地反映出当下以及未来的时尚流行趋势。

第三节　男装服饰品分类及搭配

男装服饰品搭配设计是男装整体设计的一个重要组成部分。服饰品包含服装和饰品两个范畴，是装饰人体自上而下、从内到外物品的总称。其中，包括了服装、帽子、眼镜、首饰、围巾、领带、手表、手套、腰带、鞋袜、箱包、伞、打火机、手杖等。随着当今设计师对新事物的研发，以及对新材料的认知水平不断提高，使得男装服饰品款式、用材也不断创新出奇。

一、领带

领带最早传入中国的时间与西服传入的时间大致是一致的。1919 年后，西服搭配领带的穿搭方式作为新文化的象征冲击着传统的长袍马褂，在出洋留学者中间盛行。20 世纪 80 年代初随着“西服热”的兴起，领带也在中国普及和流行起来。

1. 领带的定义

领带是上装领部的服饰件，系在衬衫领子上并在胸前打结，广义上包括领结，通常与西服搭配使用。领带是最能满足男性装扮需求的服饰品，也是男性最常用的服饰配件之一。领带与西装搭配使用，给胸前空着的三角区加以装饰点缀，在视觉审美上起到画龙点睛的作用与效果，是穿着西装特别是正装时最基本的服饰品（图 5-23）。

图 5-23　男性服饰配件之一的领带

2. 领带的作用

男士领带在佩戴使用上有两个明显的作用，一个是它的装饰功能，另一个则是它的标记功能。

（1）装饰功能。领带的作用是为了加强和衬托男装的整体美。其中，领带夹、领带别针等配饰起到装饰和固定作用，使领带在服装中更显魅力。领带在男装整体搭配中能够打破单调和沉闷，有助于在男装整体上营造视觉中心，显示活力和时尚态度。同时，领带可以在男装中帮助男士塑造风度和气质。它以简洁有力的造型线条来点缀和加强男性的性别色彩，使男性服饰形象更为突出，并在整体服饰配套中起着平衡、点缀和强调等作用，烘托服饰环境的气氛。领带给刚劲简练的男装赋予了微妙的感性特征。

领带起较强的主导作用，它是男装中抢眼的部分。要改变一套西装给人的整体观感，最简单的方法就是改变领带的款式，特别是在穿西装套装时，不打领带往往会使西装黯然失色，因此领带又被称为“西装的灵魂”。

（2）标记功能。领带标示穿戴者的文化品位、气质以及所属团体的性质。例如，表明自己所属的职业、团体等。从事相关职业的工作人员，除了专用服装外，还需佩戴带有专用图案的领带，领带图案和色彩根据职业特点都有一定的要求。如公安部、司法部、法院、检察院、交通运输部、卫生部、工商总局、税务总局、海关总署、各大航空公司、各大银行、中国移动通信集团等单位，都有自己的专用领带。其主要是反映并能突出单位的特色，通常将单位标识作为领带图案的一部分，放在领带大领前端的左下角，或者以四方连续的形式表现。色彩主要选用与职业相关的或是与职业装配套的色彩为主。这类领带比较独特，主要是宣传和标识的作用，强调它的象征性，因此，常以易读易懂、一目了然的形式表现，而不是特别强调艺术装饰效果。人们也常常根据某人的领带特征来判断他属于哪个职业团体或阶层。

3. 领带与服装的结合

领带影响服装的整体风格，因此，领带应与服装配色风格相协调。有些男性所穿的衬衣、西装和系的领带分开来看款式、质料、颜色都是不错的，但配在一起明显地让人感到不协调，这是因为领带与服装的搭配出了问题。

总体来说，领带造型上的变化不太大，只是在宽窄长短稍做变化和系法略有不同。正统严谨的西装，领带的带面长度与宽度及系法几乎有约定俗成的规范性，所以佩戴领带的重点应放在花色变化上。

（1）领带与衬衫的搭配关系。领带与衬衫的搭配，其一，应注重深浅的对比，寻求一种搭配上的反差，彼此互相映衬而达到较好的效果；其二，衬衫与领带可以是统一色调，这样领带与衬衫的对比度降低，显得比较文气，但这要考虑到不同场合和自我个性。

通常衬衫的颜色应该与领带上次要颜色中的一种相配，而领带上的图案应该比衬衫上的更显眼。有时，可以选择图案都很鲜明的衬衫和领带，但是千万不要让衬衫上的图案压过领带上的（图 5-24）。

（a）浅色领带

（b）深色领带

图 5-24　领带与纯色衬衫的搭配

领带与衬衫的搭配有以下几种。

① 领带与素色衬衫的搭配设计。素色衬衫搭配的领带可以有一定的花形变化，如素色衬衣（白色、黑色等）适合与灰、蓝、绿等与衬衫色彩协调的各种图案、颜色的领带搭配，而白衬衫和各种活泼的颜色或花样大胆的领带搭配都不错。一些明亮色调的衬衫，如蓝色、粉红、乳黄、银灰，可以配蓝、胭脂红和橙黄色领带；而褐、灰等比较暗色的衬衫可以配暗褐、灰、绿等色泽

的领带。

② 领带与花纹衬衫的搭配设计。花纹衬衫的搭配则应该讲究“错位”，即领带与衬衣相配时尽量不要选择同类型的图案，这样领带的特点容易突出。如直条纹衬衫应避免搭配同样是直条纹的领带，而适合配方格或圆点图案的领带，有纹路方向的变化，不会单调呆板；格纹衬衫基本上适合单色素面的领带，也可配斜纹、碎花图案的领带；暗格图案的衬衣则可配印花或花型图案领带，暗格在这里当作单色处理。当有多种颜色图案的领带与衬衣搭配时，尽量让图案中相对比较突出的颜色与衬衣的颜色相同或同色系，效果便会锦上添花（图 5-25）。

（a）条纹衬衫

（b）圆点衬衫

图 5-25　领带与花色衬衫搭配

现代还有不少针对年轻消费群的一系列印花衬衫，穿这些印花衬衫时，原则上应该不系领带，直接套上西服，使人有一种挺拔、利落、简洁、轻松、休闲的感觉。如果与领带搭配穿着，可选择同一图案而色调呈强对比，或同色调不同图案，要点是图案和颜色比较鲜艳的花衬衫最好避免规则图案的领带。

（2）领带与西装的搭配设计。领带是西装的灵魂。凡是参加正式的交际活动，穿西装就应系领带。往往要改变一套西装给人的整体观感，最简单的方法就是改变领带的款式。领带的颜色、图案应与西装相协调，系领带时，领带的长度以触及皮带扣为宜，而领带夹应戴在衬衣第四、第五粒纽扣之间。

领带的花型、色泽应根据西服的材质、风格和色彩而定。一般来说，领带与西服搭配的基本原则有以下几点。

① 领带的深浅与西服的深浅要统一，深色领带宜配深色西服，浅色领带宜配同西装色系的色彩，才能给人视觉均衡的协调感，也是最稳妥的搭配。

② 领带和西装若是同色系，则领带的颜色要比西装的鲜明，这主要是利用同色系中深浅、明暗度不同的变化，使整体效果比较协调。

③ 领带的花色可与西装产生对比，是领带起到点缀的作用。比如黑色、深灰西装适与色彩比较明亮的领带搭配（图 5-26）。

（a）灰色西装与蓝色领带　　（b）灰色西装与红色领带

图 5-26　领带的花色与西装产生对比

（3）领带与休闲装的搭配设计。随着男装多元化的发展趋势，以及男士穿着的随意化倾向和休闲风格的流行，休闲已成为这个时代不可忽视的主题。领带在图案造型、色彩及风格上也有了非常丰富的变化，已不再局限于仅与男士正装搭配，还可与休闲装、时装等多种风格的服装配套穿着，为领带的休闲化、时尚化、个性化创造了条件。

伴随服饰时尚与流行特征的变化，领带的外形、长短、宽窄及系法都在随之变化。特别是在注重个人风格化的今天，领带也可以根据个人喜好随意搭配，许多领带作为装饰甚至可以全部暴露在服装的外面，在不拘一格中透着潇洒。领带还可搭配休闲的卡其裤和运动鞋，给人洒脱奔放的感觉。而近年来走在时尚尖端的窄版领带，是领带变形的大方向，充满现代的风格，使服装整体线条显得更加修长和利落，也成为男士时尚搭配的首选。

领带系法很讲究，系好后应呈自然下垂状，宽头在上面，并比窄头略长些。如果穿西装马甲，领带下部应放入马甲内。领带的系法也很多，但最常用的有以下几种。

① 平结。平结是男士选择较多的一款领带打法之一，几乎适用于各种类型的领带。这种打法最为简单，打好后领结较小，适用于普通的衬衫领、小翻领衬衫、窄领衬衫、有扣领和长尖领（图 5-27）。

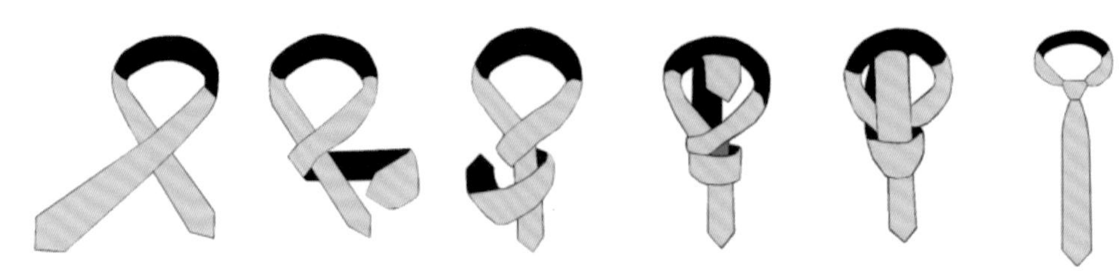

图 5-27　平结示意

② 温莎结。温莎结是因温莎公爵而得名的领结打法，此打法领结较大，呈正三角，给人以饱满有力的视觉感受，适用于敞领型衬衫、宽领衬衫。搭配西装则适合于驳领较大或双排扣的，是

最正统的领带打法。搭配宽领衬衫时预留足够长的空间，绕带时的松紧会影响领结的大小（图5-28）。

图5-28 温莎结示意

③ 十字结。十字结最适合搭配浪漫的尖领及标准式领口衬衣，初学者可以使用较窄的领带练习更容易上手，非常适合不经常打领带的男士入门（图5-29）。

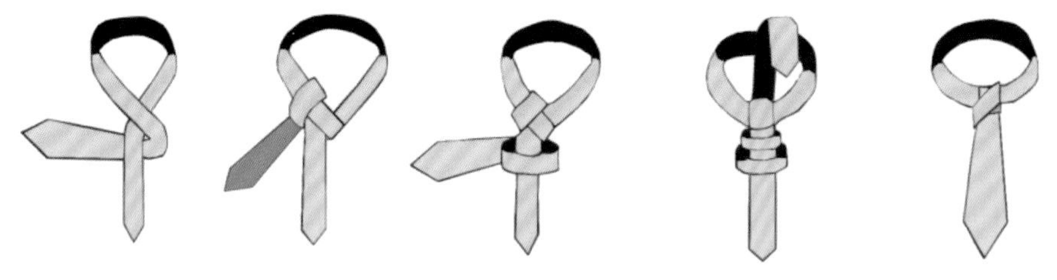

图5-29 十字结示意

④ 四手结。通过四个步骤就可以完成打结，是所有打领带方法中最易上手、最快捷的领带系法，适合不宜过宽的领带，搭配窄领衬衫，整体风格轻松休闲（图5-30）。

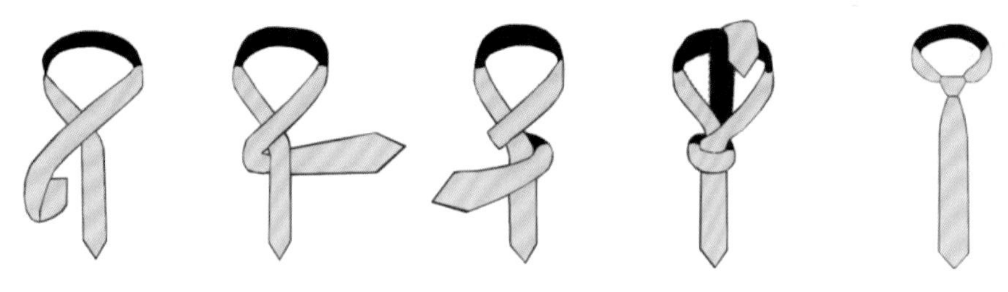

图5-30 四手结示意

⑤ 交叉结。交叉结适用于单色简约淡雅、材质较薄的领带，交差结的特点在于打出的结有一道分割线，时尚感十足，需要注意的是按照步骤打结结束时背面朝前（图5-31）。

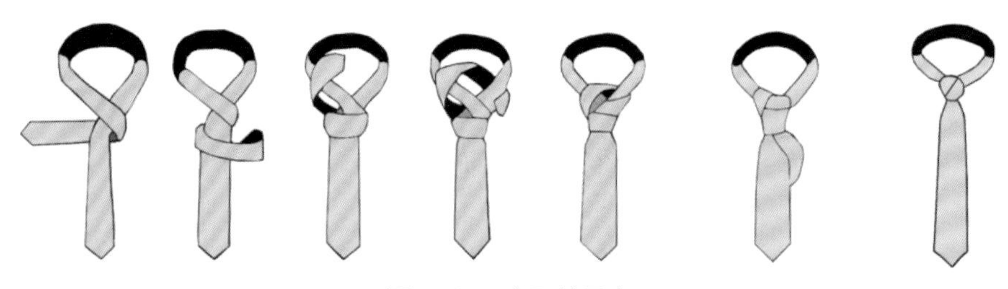

图5-31 交叉结示意

⑥ 双环结。质地精细的领带搭配双环结可以营造出年轻时尚的氛围感，这种方法打完的领带的特点是第一圈会稍露出于第二圈之外，这种情况是不需要盖住的，非常适合年轻上班族男士使用（图5-32）。

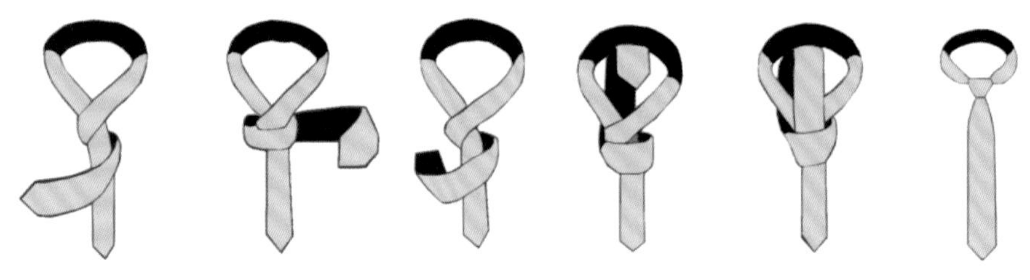

图5-32　双环结示意

⑦ 浪漫结。浪漫结适用于各种浪漫领口及衬衫，可以说是一种完美结型。打结完成后可将领结下方之宽边压以褶皱，可缩小其结型，可经窄边往左右移动使其小部分露在宽边旁（图5-33）。

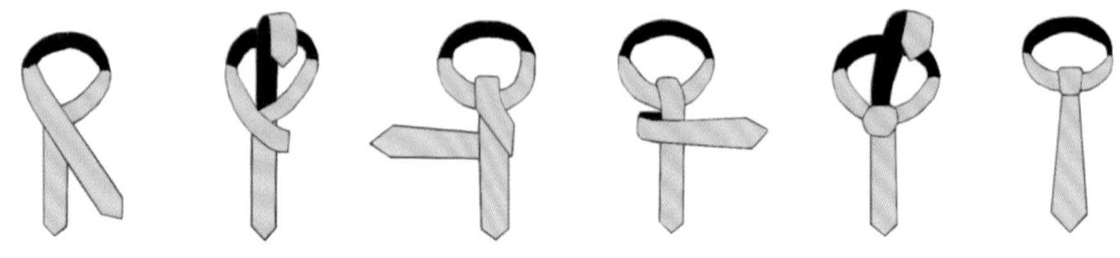

图5-33　浪漫结示意

⑧ 亚伯特王子结。亚伯特王子结适用于浪漫扣领以及尖领系列衬衣，搭配材质柔软的领带，注意宽边需要预留较长的空间，并在绕第二圈时尽量贴合在一起，即可形成完美漂亮的结型（图5-34）。

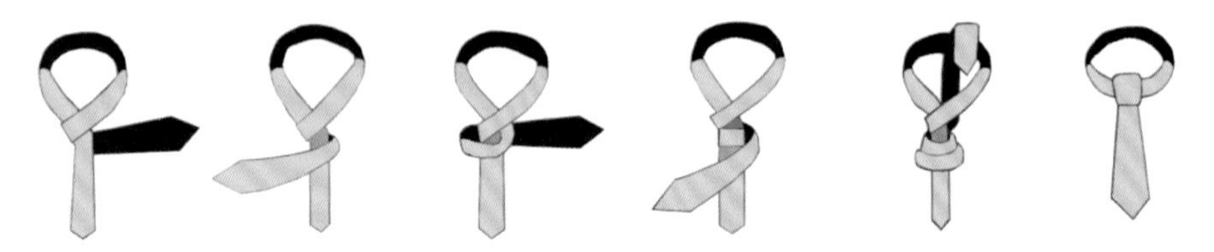

图5-34　亚伯特王子结示意

⑨ 马夫结。适用于材质较硬挺、厚实的领带，特别适合打在标准式及扣式领口衬衫，需要注意的是将其宽边以180° 由下向上翻转，并将折叠处隐藏于后方（图5-35）。

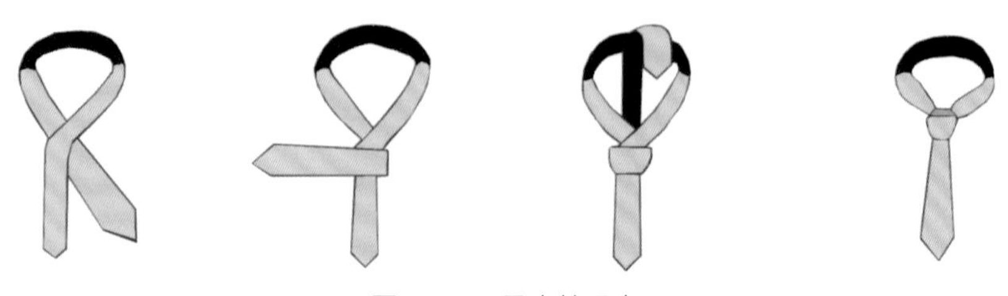

图5-35　马夫结示意

二、腰带

腰带即用来束腰的带状物，也称裤带，若是皮革的，亦称之为皮带。对于男士来说，腰带作为男装服饰品，和手表、皮鞋一样，都是非常重要的服装配饰，应当引起设计师的重视（图5-36）。

（a）三角扣腰带

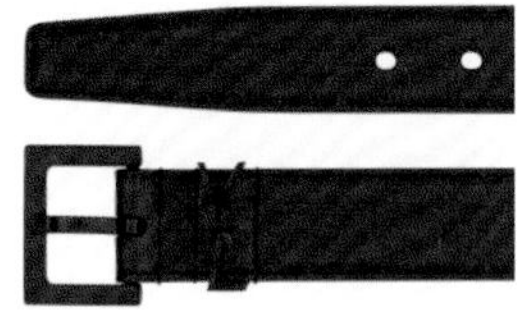

（b）方扣腰带

（c）异形扣腰带

图 5-36　不同款式的男士腰带

1. 腰带的起源

腰带的起源可以追溯到原始时期，当时的人们已经开始绑起腰带来携带物品，这时期腰带仅体现出实用功能。至古埃及、古希腊及古罗马时代，腰带才开始显示出装饰价值。在中国古代，腰带的起源主要是从北方少数民族的长期生活实践中演变而来，因其不但可以用来系束袍服，还可以用来佩挂一些生产、生活使用的物件。如今，男士皮带已失去旧时的用途和喻义，但腰带的重要性仍是其他服饰配件所无法取代的。

2. 腰带的作用

腰带作为一种时尚，国际大小的时装展中都可以觅见它的踪影，服饰品设计离不开腰带。特别是男士，几乎每位男士都要束一根腰带。腰带的作用已经延展到实用性之外的时尚搭配。

一些国际大牌在腰带上也下足了功夫，每季都会推出富有意义的新款，或者使用新的材料，或者应用新的理念。腰带的实用性和装饰性使其成为服饰中重要的组成部分（图 5-37）。

（a）服装同色系搭配

（b）亮色系点缀搭配

图 5-37　爱马仕秀场中腰带的搭配设计

（1）实用性。腰带最初的作用是它的实用性，是为了防止裤子从腰间滑落而使用。在古代还被用来佩挂一些生产、生活使用的物件。

（2）装饰性。腰带发展至今，早已不是可有可无的服饰附属品，已是集功能性和装饰性于一体的服饰配件。在现代男装中，男士腰带更多的是发挥着它的装饰作用。现代腰带的设计比以前增加了许多变化，如对腰带进行镂空处理，使带面呈现装饰图案；或者把金属亮片、斜钉、水晶等镶嵌其中，使其更具魅力和特色；或在带面上做压纹和肌理效果等处理方式。根据不同的着装风格需要搭配不同的腰带来画龙点睛，从而加强了服装的风格特点，起到装饰点睛的作用。

3. 腰带的分类

男士腰带的质料十分丰富，通常有皮革、布料、金属等，由于不同的造型风格和佩戴位置而产生出多种不同的种类。

腰带的分类可以通过不同的材质来加以区别。各种质地的皮带由于加工鞣制过程不同，而呈现出多样的风格。如猪皮和羊皮，更为柔软；牛皮有种身骨硬挺的感觉；鳄鱼皮则是档次较高的选择。皮带上的压纹和肌理效果，使其更具魅力和特色。布料类主要是休闲的帆布腰带或牛仔腰带，是最适合表达男装休闲意味的腰带。也有的采用服装面料本身与其他不同材质如皮革等相拼，来配合服装整体造型。

4. 腰带与服装的结合

在正式场合穿着西服衬衫时，腰带的颜色应该与所穿的服装相协调，腰带的颜色与服装同色系为好，黑色、栗色、咖啡色是常用的色彩。

腰带的宽窄应保持在 3cm 左右，太窄会失去男性阳刚之气，太宽只适合于休闲、牛仔风格的装束。

腰带式样要简洁大方，不能轻易地使用款式新奇的和配以巨大腰带扣的腰带，以方形、回字形和椭圆形带扣为宜。经典传统的腰带是金银色亮光或亚光的金属环扣，与牛皮结合而成的款式，可使男士更具绅士气质。

搭配休闲装的腰带在款式、色彩和材质上都有较多的选择。金属颗粒和皮质的结合加重了腰带的朋克色彩，这种腰带是牛仔裤的绝妙搭档，最能体现牛仔自由而又狂傲不羁的性格。不同材质的拼接，如紧密的皮质和松软的麻绳结合，搭配休闲装更能体现轻松的感觉，两条不同颜色的腰带在腰间叠加在一起，既有节奏感又另类有个性，凸现层次感。

腰带潮流的变化，在很大程度上也是由腰带扣引起的。男士腰带钩扣的造型、大小也表现出男人的魅力。正装腰带的带扣图案应尽量选择庄重雅致一些，显得男士儒雅、成熟、有修养。较大的有动物图案的皮带扣，像一些扣面雕刻了狮、虎、鹰等动物形象，与牛仔裤或休闲装扮的服装搭配比较适合。另外，腰带的颜色还应该与皮鞋的颜色相吻合，腰带的花纹、质感、带扣也应与服装协调一致。在同其他服饰搭配时，色彩也应同总体风格相协调。

三、帽子

帽子是戴在头部的服饰品，多数可以覆盖包裹整个头部，主要用于保护头部，夏日可阻挡阳光，寒冬可保暖御寒。帽子亦可作装饰之用，也可以用来保护发型、遮挡发际线等。帽子在西洋文化之中尤其重要，因为戴帽子在过去是社会身份的象征。如今，帽子更是男士重要的时尚服饰品配件，是可以轻松上手的造型搭配单品。

1. 帽子的作用

帽子的作用有以下几点。

（1）实用性

① 御寒保暖及遮阳防晒。远古时代的人们靠捕鱼狩猎生存，兽皮被用来保护身体和保暖，帽子则是用来隐蔽保护自己或遮阳挡雨，具有很强的实用性。如今的帽饰作为配件，虽然更多的是强调它的装饰性，但实用功能依然存在。如在日晒的场合，一顶防晒帽会为你遮挡阳光；寒冷的冬季一顶毛线编织帽、裘皮帽可使头部免遭寒风的侵袭。帽子防风沙、避严寒、免日晒的功用可见一斑（图 5-38）。

（a）针织帽

（b）渔夫帽

图 5-38　帽子御寒保暖及遮阳防晒的实用性

另外，从科学的角度讲，帽子的出现，对人类的健康做出了不可磨灭的贡献。人们戴帽子可以维护整个身体的热平衡，在气候发生变化的时候，不致使头部过多地失去或吸收热量而引起全身冷热的变化，从而产生不舒服的冷感或热感。

② 防尘污。空气中的尘埃和颗粒物，以及散落在头部肉眼不可见的微生物会导致头皮滋生细菌，甚而引起毛囊感染，直接影响头发的生存环境和生长质量。此时，戴一顶舒适时尚的帽子，就是给头发穿了一件既美观又具有保护功能的外衣，有效阻挡了尘埃和微生物的侵袭。

③ 预防脱发。医学研究发现，当环境温度为 15℃时，静止状态不戴帽子的人从头部散失的热量，约占人体总热量的 30%；当环境温度为 4℃时，静止状态不戴帽子的人从头部散失的热量，约占人体总热量的 60%。由此可见，低温会引起头部受寒造成脑血管收缩，使头皮营养循环障碍及毛囊代谢功能紊乱，从而导致头发的营养失衡或大量的头发非自然脱落。在温度较低的秋冬季节，佩戴帽子可以保护头皮毛囊，预防脱发。

（2）象征性。帽子曾是身份的象征，在中国古代唤作首服。杜甫写李白的诗句“冠盖满京华，斯人独憔悴”，其中的“冠”是指出席典礼时的帽子。西方直到 15 世纪，贵族阶层才视帽子为身份的体现。在中国古代也以不同的帽子来区分官衔的等级以及官吏与平民百姓的界限，从与帽子有关的一些成语中就能看出来。比如，“冠冕堂皇”中的“冠冕”是指中国古代帝王、官吏戴的礼帽，而我们常说的“乌纱帽”，本是古代一种官帽，现已演变为官职的代名词等。

（3）装饰性。在讲究服饰搭配的今天，帽子更多的成为时尚潮流的指标，是展现个性造型魅力的最佳时尚配件（图5-39）。各式的帽子在保暖之余，为平淡的着装增色不少。可以说帽子是创造“顶上摩登”的必备利器。

图5-39　帽子的装饰性

把握好帽子服装的搭配，能起到给整体造型加分的作用，有时仅仅只需一顶帽子，就能将服装从平凡变为耀眼，帽子的装饰作用不容小觑。

2. 帽子的分类

按照不同的分类方法，帽子有很多种名称以及与其相对应的功能和造型，按用途分为风雪帽、雨帽、太阳帽、安全帽、工作帽、旅游帽、礼帽（图5-40）等。

（a）礼帽

（b）应用场景

图5-40　礼帽及其场景应用

按使用对象和式样分为情侣帽、牛仔帽、水手帽、军帽（图5-41）、警帽、职业帽等。

图5-41　军帽

按制作材料分为皮帽、毡帽、毛呢帽、长毛级帽、绒线帽、草帽、竹斗笠等。

按款式特点分为渔夫帽、贝雷帽、鸭舌帽、棒球帽、钟形帽、棉耳帽、八角帽、瓜皮帽等。

3. 帽子与服装的结合

随着男装服饰风格多元化的发展，男士对时尚的追求越来越多元化，男帽的发展也非常迅速，各种样式和风格层出不穷。各式各样的帽子大多是为了装饰点缀整套服装的穿着效果，反映自己的个性和吸引旁人的视线。然而无论怎样搭配，帽子的款式和颜色等必须与外衣、围巾以及鞋、裤等服饰相配套，使它们之间在风格、外形、色彩上浑然一体，相互配合，才能给人一种协调统一和美的享受。不同色彩、造型的帽子与不同的服装搭配，都会给人以不同的视觉效果。

款式上，帽子应该与外套的风格相统一。如果外套是硬挺的猎装或者风衣，那么应该选择式样同样挺括的帽子；色彩上，如果不想标新立异，那么与外套同色系的帽子是首选，黑、蓝、灰都是比较适合的颜色（图 5-42）。

图 5-42　具有挺括感的呢帽

男士礼帽一般适合与礼服、正装相搭配。在 20 世纪初，礼帽曾是男士衣柜的必备品，但是随着男装休闲化的发展，如今高雅的礼帽已经被时尚解构，变成嬉皮可爱、男女通用时尚配件，礼帽也有了更多的搭配方式，如搭配休闲的外套或 T 恤背心、牛仔裤运动鞋等，也是个性自我的表现。

休闲型帽子的款式、颜色较多，可以与不同类型的服装搭配。其中，棒球帽也许是最有人缘的帽子，永远都是充满青春活力的象征，几乎不分春夏秋冬地永远流行，适于各种 T 恤、衬衫，配牛仔裤。而且随着嘻哈文化热潮而大行其道，令一向很少戴帽子的男士也纷纷跟随。

鸭舌帽（图 5-43）是近年来比较受男士欢迎的帽型，它兼具男性化、运动化两种风格，所以它传达的概念就是简洁、流畅、不烦琐。搭配正装，在优雅中迸发运动休闲风貌，并增添时尚干练气质；而搭配休闲装则活泼潇洒，酷劲十足。

（a）各式鸭舌帽

（b）博柏利鸭舌帽

图 5-43　鸭舌帽

寒冷的冬季，帽子更是必不可少的流行物品，毛线帽由于其较强的配搭性，永远是冬季的主流（图 5-44）。在如今的个性化时代，较薄的毛线帽在夏季也被许多时尚男士作为配饰单品出现。

（a）盟可莱（Moncler）毛线帽　　（b）瓜皮式毛线帽

图 5-44　毛线帽

四、鞋靴

鞋靴是包裹脚部用的物品，是服饰配件中不可缺少的部分。鞋靴是人类服饰文化的重要组成部分。服装的主体性和整体性决定了鞋靴在人的整体衣着上处于次要和从属地位，鞋靴在人的整体穿着物品中属于配角，是整体服饰的局部，但不可或缺。服饰要达到整体和谐，即从头到脚颜色、款式相配，才能体现一个男人的文化修养、审美能力和潇洒风度。因此，鞋靴在服饰品中的地位越来越重要，它在提高服饰设计的全面性和完整性方面起着重要作用。

1. 鞋的起源

从鞋本身的发展历史而言，它的产生与政治、经济、文化、社会地位、气候环境、宗教、性别、时代的文化背景和人类的智慧等皆息息相关。同时，人们对于鞋的选择还可以透露出穿着者的品位与仪态。

远古时代，土地的高低不平，气候的严寒酷暑，人类本能地要保护自己的双脚，就出现了简单包扎脚的兽皮缝制的最原始的鞋，兽皮、树叶便形成了人类历史上最早的鞋。就中国而言，在 5000 多年前的仰韶文化时期就出现了兽皮缝制的最原始的鞋。相传在黄帝时期，臣子于则就“用革造扉、用皮造履”，这可以说是中国皮鞋的起源了。到了商周时期，制革和皮鞋生产技术已很成熟，许多西周铜器的铭文中都有关于生产皮披肩、皮围裙、生皮索、鼓皮、鞋筒子皮、染色皮和生皮板等的记载，当时还设有“金、玉、皮、工、石”五种官职。可见制革和皮鞋生产在那时已相当发达，以至在朝廷中要设专职的官员加以管理。

世界上第一双皮鞋诞生在中国。战国时代著名军事家孙膑以原始皮鞋为基础，设计了有胫甲（鞋帮）和鞋底两部分的图样，刻制木植，由鞋匠使用较硬的皮革，照图样缝制成一双帮底缝合的皮鞋，成为制鞋史上的一大创举，是现代皮鞋的雏形，可算是世界上皮鞋的始祖了。后来，随着社会的进步和发展，西方也出现了专业的制鞋工厂。时至今日，鞋的制作材料、式样、用途越来越多，鞋的种类也开始逐渐丰富起来。

2. 鞋的作用

鞋作为主要必备服饰品，在选择上除了要满足便于搭配、穿着舒适、便于行走、结实耐穿等基本条件之外，还需注重流行。在现代社会生活中，男士选择鞋靴越来越重视流行这一因素，很多时候不太喜欢过于张扬自己对服饰流行敏感嗅觉的潮流男士，则会通过选择穿着时尚、流行的鞋靴来表达自己对于流行的见解。由于鞋靴处于视觉下方，即使有穿戴稍有不适宜，也不会显得过于局促，但是穿着得体大方则会尽显风采。

（1）生理需求。鞋最基本的功能是为了保护足部，可以挡风御寒并保护足部不被外物划伤，从这点上看，是满足人们的生理需要，即具有实用性。

（2）地位象征。在古希腊，鞋象征着奴役和自由之间的区别。西方中世纪时期，欧洲盛行的尖头鞋，也根据不同阶层与身份，对鞋的使用长度做了严格规定。从历史上来讲，鞋可以用来确定一个人的社会地位，甚至宗教信仰。

（3）装饰功能。随着人类文明的发展，现代社会鞋已经没有了阶级身份的标志功能，而是更多地追求时尚感和品质感。

3. 鞋的分类

鞋的种类繁多，样式多变，按照不同标准可以分为以下几类。

① 按其使用功能分：室内的拖鞋，室外的正式着装鞋、休闲鞋、雨鞋、滑雪鞋、溜冰鞋、骑马鞋等（图 5-45）。

（a）正装皮鞋　（b）休闲鞋　（c）雨鞋

（d）滑雪鞋　（e）溜冰鞋　（f）骑马鞋

图 5-45　按使用功能分的各种鞋子

② 按照穿着季节分：春秋鞋、夏季凉鞋、冬季毛鞋等。

③ 按照造型种类分：平跟、中跟、高跟鞋、尖头、平头、圆头、方头、低帮、中帮、高帮、长靴等。

④ 按照材料区别分：皮鞋、合成革鞋、塑胶鞋、棉布鞋、绳编鞋、草编鞋、木鞋等。

⑤ 按照鞋的设计风格或者穿着场合可以分为正装鞋和休闲鞋两大类。

⑥ 按照样式种类来分，可分为系带式鞋、扣攀式鞋、盖式鞋等（图 5-46）。

（a）系带式鞋　（b）扣攀式鞋　（c）盖式鞋

图 5-46　按样式种类分的各种鞋子

正装类的皮鞋有系带和便式两种，且皮质精良、硬挺、光泽感好。男士经典的正装皮鞋是系带式牛津鞋，通常会打上三个以上的孔眼，并加上系带；另有搭扣式平底便鞋、黑白两接头正装鞋等。

休闲鞋也有光泽皮质，但皮质不再像正装鞋的皮质那样硬挺，取而代之的是柔软细致的皮革材料，也有其他各种质地的，如翻毛皮鞋、帆布鞋、运动球鞋、运动休闲鞋、拖鞋、凉鞋等，休闲鞋设计追求轻松、舒适的感觉（图 5-47）。

（a）翻毛皮鞋　（b）帆布鞋　（c）运动球鞋

（d）运动休闲鞋　（e）拖鞋　（f）凉鞋

图 5-47　休闲鞋

4. 鞋与服装的结合

对于男士来说，鞋对于一个人的整体衣着、素养品位和舒适程度来说都是很重要的。有的男士重视追随服装的潮流，却忽视了鞋的重要性。鞋与服装搭配得好，可以体现穿着者的地位、修养、身份、心理、情绪等。反之，则至少反映出穿着者不拘小节或缺少穿着艺术修养。如果鞋选择错误，甚至可能毁掉精心挑选的整套服装。

（1）与西装搭配。无论在正式场合或是职业场合，皮鞋是搭配男士正装的不二选择。一双经典实穿的鞋款式可以让男士应付各种社交场合都不失礼。因此，与西装搭配的鞋首要的条件是款式简单，质地精良，以简约、典雅气质为主流。它既要具有容易搭配的特性，更要能衬托出男士的优雅品位（图 5-48）。

（a）牛津皮鞋

（b）切尔西靴

图 5-48　与西装风格搭配的皮鞋

（2）与休闲装搭配。如果穿休闲装，就要根据服装的款式来选择穿什么样的鞋，鞋的色彩、造型、风格等都要与服装的整体风格相统一。如今，休闲鞋的款式有很多的变化，不同材质的相拼也很多，色彩除了延续了以往的黑色外，一些绚丽的色彩，如橙色、绿色、天蓝色等也不再少见，总体风格追求轻松、自由、奔放而舒适的感觉（图 5-49）。

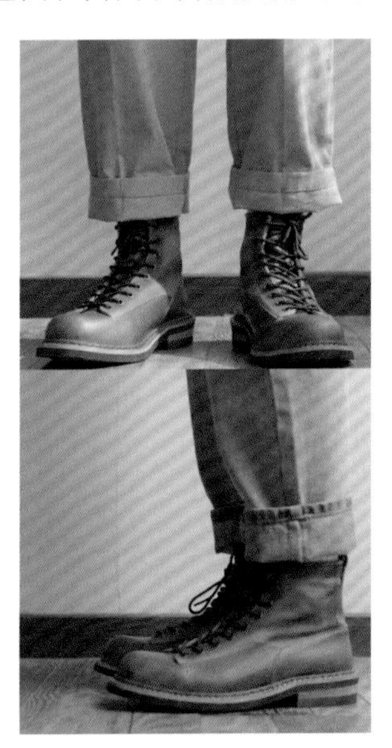

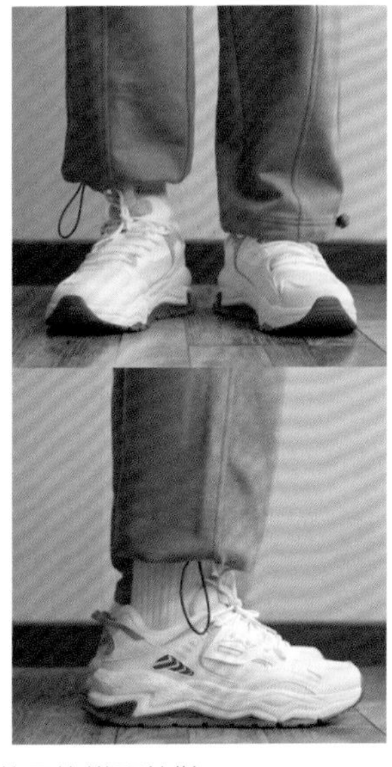

图 5-49　与休闲装风格搭配的鞋

（3）与袜子的搭配。鞋袜的作用在整体着装中不可忽视，搭配不好会给人头重脚轻的感觉。袜子具有衔接裤子和鞋子的作用，应与裤、鞋协调，原则就是穿与鞋、裤色调一致的袜子。如果稳重的西装长裤和黑色鞋子，配上不协调的花哨颜色的袜子或有花纹的袜子，那就会使人产生杂乱、失调的感觉。可以裤子与鞋用同色系，而袜子用不同的颜色，但应避免反差太大的颜色，如黑色和白色（图 5-50）。

图 5-50　鞋袜裤同色系的搭配 1

另外，裤子为一种颜色，而鞋和袜子用同色系，这样更能突出个性。无论怎样，每个人只有结合自己的特点和个性来选择，才可取得良好的效果（图 5-51）。

图 5-51　鞋袜同色系的搭配 2

五、其他配饰

1. 箱包

箱包是对包袋的统称，是用来收纳和搭配服装的各种包、袋等的统称，包括一般的购物袋、手提包、手拿包、钱包、背包、单肩包、挎包、腰包和多种拉杆箱等。

手拿包是男人的必备之物，不但实用也是男人身份地位的象征，一个好的男士钱包不仅用料精选、做工精细，最重要的是能够体现男人的品位。男士手拿包通常也可以和服装整体配套（图 5-52）。

图 5-52　男士手拿包

如果在正式场合，一款皮面有压纹并在四角镶金属边的钱包能够彰显男士贵族气质，而搭配牛仔裤运动鞋，选用具有休闲风格的钱包则会更加相得益彰。

箱包是重要的男装服饰品。以往的男用包功能和款式较为单一，主要为商业和行政人士所使用，这一类人群追求品位和档次，往往会选择质量上乘、精致美观的品牌包，搭配高档挺括的衬衫、西装和大衣，其使用场合主要为办公楼、会议厅、谈判桌等。

图 5-53　公文包

商业用包的款式和风格很传统，例如公文包的设计就很简洁，主要考虑功能上的作用。这类包色彩单一、用料考究，一般选用真皮材质（图 5-53）。

休闲包的样式多种多样，有挎肩式、背包式、腰扎式等，适合旅游、休闲等日常活动。其款式设计随意轻松，可以是多袋式、拉链式、拼接式等。选用的材质也较为广泛，真皮、帆布、人造革皮等都可以加以运用（图 5-54）。

图 5-54　休闲包

包袋的历史可以说是伴随着服装的发展历史共同并进的。早期的包袋主要利用天然兽皮和植物韧皮等制作而成。在纺织行业得到一定程度的发展后，制作包袋的材料也呈现多样化的趋势，功能和款式等也有了较多的发展。随着生活质量的不断提升和生活空间的逐渐丰富，男士的包袋品种也逐渐多样，男士根据职业场合和自我着装搭配风格的需要，有着较大的选择空间（图5-55）。

图5-55　男士双肩包

2. 领带夹

领带夹是使领带保持贴身、下垂的服饰品。领带夹可以体现男士的绅士风采，显得更加有品位，更显示出现代人的时尚。一般场合穿着西服的时候经常需要。

一般佩戴领带夹的位置应在领带结的下方四分之三处为宜，过高或过低都不太适合。多为金属制品，名贵的领带夹也有用合金、银或K金制作，它的饰面有素色、镶嵌和镂花三类，形状变化则建立在条状造型基础上；色泽有金色、银色和呈现镶嵌物的色泽，有的还和衬衫上的袖口对扣配套使用（图5-56）。

图5-56　各式领带夹

3. 袖扣

袖扣用在专门的袖扣衬衫上，代替袖口扣子部分。它的大小与普通的扣子相差无几，作为男装重要的服饰品配件不仅与一般纽扣一样具有固定衣袖位置和美化服装的实际功能，也因为精美的材质和造型，更多的是起到装饰作用。

一副别致的袖扣能让男士原本单调的礼服和西装熠熠生辉，也是高品位成功男士的象征物品。每年主要男装品牌古驰、范思哲、路易·威登、卡地亚、蒂芙尼等在推出新一季的男装同时也会推出新款袖扣。许多大品牌都用 K 金来打造袖扣，并在其中点缀宝石。品牌的经典标志也会在袖扣之间熠熠发光。因为精致的做工和贵重的材质，这些首饰在被使用的同时，也在被小心翼翼地收藏（图 5-57）。

图 5-57　各式袖扣

4. 打火机

打火机是小型取火装置，主要用于炊事及其他取火。现代打火机按使用的燃料可分为液体打火机和气体打火机两种，按发火方式可分为砂轮打火机和电子打火机。打火机的鼻祖可以说是 16 世纪欧洲的火绒盒和中国的打火铁盒。它们的工作原理都是用打火铁产生火花引燃火绒（图 5-58）。

（a）金属材质外壳

（b）亚克力材质外壳

图 5-58　各式打火机装置

图 5-59 打火机在男装服饰品中的应用

打火机对男士来说，已经不是单纯的点烟工具了，它强调金属质感、手工雕花、精致细节，被拿在手上把玩，享受玩物乐趣才是它的价值所在，更成为不折不扣的男士风格化装饰（图 5-59）。

如今的打火机不仅延续了实用价值，而且发展为独特的装饰品和工艺品，不仅可以作为服装配饰，还具有很高的观赏和收藏价值。

5. 袋巾

男士上衣口袋放置手帕最初是为了方便，同时也肩负美观与整洁双重任务。对穿西装的男士而言，袋巾是重要的男装装饰，尤其是正式场合穿着深色西装或黑色礼服时，更是不可或缺的服饰配件，也是突显男人的品位和情趣的一个细节部分（图 5-60）。

（a）三角形用法

（b）蓬松性用法

（c）山字形用法

图 5-60 袋巾的用法

袋巾放置于西装左上袋，丰富并点缀了西装的左胸位置，与领带互相映衬。当今袋巾的设计新颖别致，颜色和图案层出不穷。质地也由原来的棉质发展为今日柔和细致的丝质，与男士的衬衫、领带、西服相谐调，独显个人的风格与气质，令佩戴的男人魅力非常。

6. 首饰

男性首饰通常具备雄浑的力度，可用来衬托男士的阳刚之气、显示资产的丰富、身份的尊贵以及独特的审美品位，可以更充分地展示男性气质和魅力。线条刚毅、色彩稳重、结构简洁是男士首饰的主旋律。一般造型较粗犷、有力度，造型风格有阳刚气息，花纹图案也比较简单，大多采用方、圆、三角等几何造型，以体现个人性格为重要目的（图 5-61）。

项链和手链是男士在许多场合都可以佩戴的首饰（图 5-62）。材质多采用具有冷凝质感的材料，如不锈钢、银、钛金属等，也有的采用与皮质相结合的方式，而以往粗大的黄金项链已逐渐退出了时尚舞台。

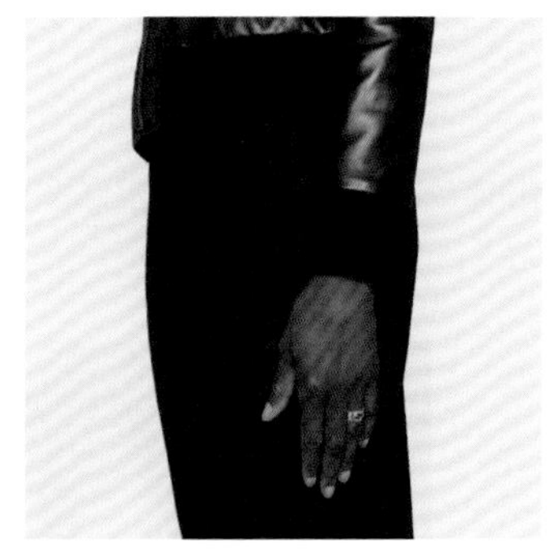

图 5-61　男士戒指

（a）路易·威登金属配饰

（b）古驰金属配饰

图 5-62　男士项链

7. 围巾

男士围巾多有保暖御寒之用，兼有领口的装饰、点缀作用，在日常配戴中有一部分人则会将围巾用于不可脱卸厚重大衣的领口保洁，因为相对于整件大衣，围巾保洁起来比较容易（图 5-63）。

（a）路易·威登围巾

（b）爱马仕围巾

图 5-63　男士围巾

在围巾的配戴中，还有一个重要的功能就是围巾的标识作用。在很多大型集会、体育比赛都会利用围巾来作为团队标志和表达团队精神。例如，在许多政治大选场合，竞选人和其支持者有时候会配戴同样的围巾来划分自己的阵营；在许多体育竞技类比赛，特别是足球比赛中，球迷们常常会配戴印有所支持球队标志和标语的围巾，在比赛现场挥舞呐喊，为自己的球队加油助威，这些都是围巾具有的特殊功用之一。而在许多少数民族或部分国家和地区，赠送围巾也被赋予了某种特殊意义（图 5-64）。

图 5-64　少数民族具有特殊含义的围巾

8. 手表

如今的手表早已超越了其简单的计时功能，手表作为男装重要服饰品之一，更多的是时尚、身份和品位的象征。一块手表能让本就儒雅的男士又增一抹亮点（图 5-65）。

图 5-65　男士商务手表

现代时尚男士在挑选手表时，除了功能性、实用性外，酷炫外形设计和保值功能也是刺激购买欲望的主要因素。手表已成为男士一项重要的投资或收藏品（图 5-66）。

商务男士正装所搭配的手表，应当是金属质感十足的材质，最好是圆形或方形表盘，且经典、简洁利落。而活力动感的运动手表永远是喜爱运动男士的首选，可搭配休闲装出现。

流行的智能手表可以检测健康状态，具备记录步数、检测心率、检测血压、检测睡眠、接听电话等功能，适合上班族、老人、儿童等人群（图 5-67）。

图 5-66　男士运动手表

图 5-67　智能手表

9. 西裤吊带

男士西裤吊带的作用与皮带类似，从功能上说都是为了固定裤子，并具有一定的装饰性，多用于三件套西装搭配中。如今随着人们穿衣观念的逐渐休闲化，吊带时常应用于休闲衬衣或者针织衫的搭配中，看上去显得洒脱、优雅（图 5-68）。

图 5-68　男士西裤吊带

10. 墨镜

墨镜作为服装配饰的点睛之笔，受到时尚界的追捧与热爱。20 世纪初期，好莱坞明星最早戴上墨镜是为了遮挡摄影时过量的闪光灯，后来演变成不可或缺的重要配饰。演员汤姆·克鲁斯（Tom Cruise）在 1986 年的《壮志凌云》中戴了雷朋飞行员墨镜后，使得该款墨镜的销量剧增（图 5-69）。

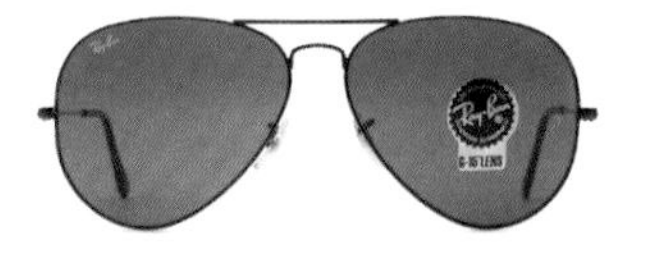

图 5-69　雷朋飞行员墨镜

墨镜作为面部焦点的配饰，可以修饰勾勒佩戴者的脸型轮廓。根据整体的服装造型及佩戴者的脸型，选择合适的墨镜可以对整套穿搭起到点睛之笔的效果（图 5-70）。

（a）黄色彩片

（b）蓝色彩片

图 5-70　各种彩片墨镜

一般来说，佩戴墨镜者的脸型主要分为以下几种。

（1）椭圆脸型。可选择墨镜宽度与佩戴者颧骨宽度相当的墨镜，在保证镜框大小与面部平衡的情况下，这种脸型与大多数镜框都能相称。

（2）圆脸型。这种脸型适合搭配长方形等较大的镜框，可以修饰勾勒面部轮廓。

（3）方脸型。这种脸型可以尝试镜框较宽、富有装饰性的墨镜。配圆形或椭圆形镜框，够宽够轻。

（4）菱角脸型。这种脸型适合搭配一片式墨镜或者镜框颜色较浅的墨镜，可以使面部线条更丰满流畅。

如今墨镜不再只仅仅起到防晒护眼的作用，正确选择一款流行的墨镜能让人显得格外时尚。

11. 香水

香水是一种隐形的时尚符号。现今已有越来越多男士开始注重服装以外的形象包装，而香水能让男人彰显个性，出类拔萃。

一般男士的香水气味不太浓郁，大多属于冷香型或沉稳型，香精含量在 10% 左右，留香时间不会超过 6h。通常适合男士的香水是木香、果香比较多而花香少的香型，如木香、树脂香、柑苔香。对于成熟稳重的男士，沉稳而不浓烈的木香调是比较好的选择，而年轻开朗的男士或者职业需要常跟人沟通的男士，应该选择柑苔调的香水，因为这种香水中含有甜橙、佛手柑的味道，能够让人感受到阳光、开放的气息，易产生亲近感。

香水正被更多的男士接受和喜爱，已成为一种生活方式高品质的演绎。而男士选择适合自己的香水，不仅可以让自己身心愉悦，也会对周围的人产生积极的感染力（图 5-71）。

图 5-71　各类男士香水

第六章
系列化男装设计

随着男装品牌的繁荣发展，消费者审美水平的提高及其需求日益多元化，消费者更加注重男装款式之间的搭配组合，通过不同组合形式和组合方法呈现出统一而又多变的着装状态，体现出着装者对于服饰整体搭配的理解与审美。系列化的产品设计以其系统化、多层次化、整体化的产品特征，以及便于穿着组合搭配、拥有整体统一的陈列展示形象、具有附带联动销售功能、利于形成强大的品牌宣传攻势等优势，越来越受到商家和品牌以及消费者的重视。

第一节　系列化男装设计概述

在消费市场中，不论是购物中心还是品牌直营店，从橱窗陈列到货架商品，甚至产品广告到包装设计等都以系列化的视觉形象呈现。例如女装系列产品、男装系列产品、美食佳肴系列产品、美妆护肤系列产品、电子电器系列产品等（图6-1）。系列化产品设计与包装陈列展示，不仅在视觉上给消费者舒适的秩序感，在设计表达上更利于充分诠释品牌精神理念、突出产品风格特征、营造良好品牌形象。

图6-1　系列化日用品设计的运用

当下每季男装品牌在推出新品时，大多是以系列化男装产品推出的。设计师通过陈列将男装产品的搭配理念和搭配方式呈现给目标顾客，从而引导审美与消费趋势，传递男装品牌文化理念。

一、系列化男装设计概念

1. 系列服装的概念

系列服装是将具有相同或者相似的元素，并以一定的次序和内部关联性构成各自完整而又相互联系的服装产品或服装作品的形式。系列服装是款式、色彩、材料的统一。系列服装可以形成一定的视觉冲击力（图6-2）。

图6-2　相似元素关联构成的各自独立又相互联系的爱马仕系列男装

2. 男装系列产品设计的概念

系列化男装设计指的是在设计中运用相同或近似的设计手法及设计元素，在相同或近似的设计理念、创意风格的统括下，进行相应的类别系列化男装设计（图 6-3）。

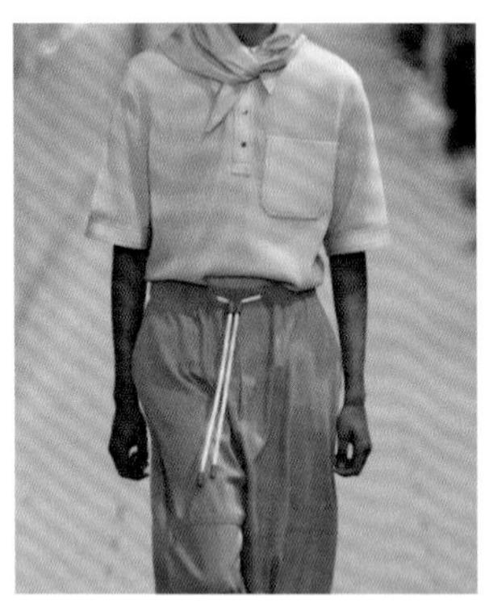

图 6-3　具有驼色系色彩元素关联的系列化男装服饰设计

在品牌理念的统领下各系列男装产品存在着某种内在的关联性与秩序感，使男装产品呈现较统一的风格形象。为了增加差异化的产品形象，系列产品设计中有时会采用细分设计主题，再进行统一品牌理念下的差异化产品设计开发。

3. 男装系列产品设计的构成

男装系列产品设计是一个相对的大设计概念，包括从系列产品导入市场的前期分析，到系列产品的中期设计制造，再到系列产品的后期销售与服务，整个系列产品设计包括对系列产品设计研发所做的前期市场调研、系列男装的产品设计提案规划、系列男装产品的销售通路规划、系列男装产品的售后服务跟进等（图 6-4）。

图 6-4　系列男装产品设计的主题趋势

其中，各个环节皆包含有若干个具有所属关系的细分构成部分，比如，男装系列产品设计中的产品设计提案规划就包含有系列设计的主题提案、款式提案、材料提案，以及产品架构、相关工艺手段、行销方案等设计内容。

4. 男装系列产品设计的特征

男装系列产品设计的特征为：在系列产品设计时，设计师在品牌理念和品牌愿景的指引下，结合目标市场的调研分析，对品牌所属的系列产品做系列化的设计研发。在款式造型、设计风格、材料肌理、色彩组合、细节设计等方面都有着统一的品牌风格理念。在统一的品牌理念下，更加紧凑地展示出一个品牌男装的多层次产品内涵，充分表达了品牌男装的设计主题、设计风格以及设计理念。

在系列产品设计中，各系列产品之间存在着相互关联的关系，多个系列产品中存在着某种或某类设计元素的延伸、扩展和衍生，形成鲜明的关联性产品风格特色。在设计元素的运用、品牌理念的表达等方面表现出较强的秩序感、和谐感、整体统一感等美感特征（图6-5）。

图6-5　男装系列的多层次产品

二、系列化男装设计的原则

1. 系列化男装款式设计的原则

系列化男装款式设计是系列男装产品设计的重要组成部分，是服装内部结构设计的表现所在，具体可以包括系列服装每个单品服装的领、袖、肩、门襟、下摆以及其他局部设计造型部分（图6-6）。

（a）腰部

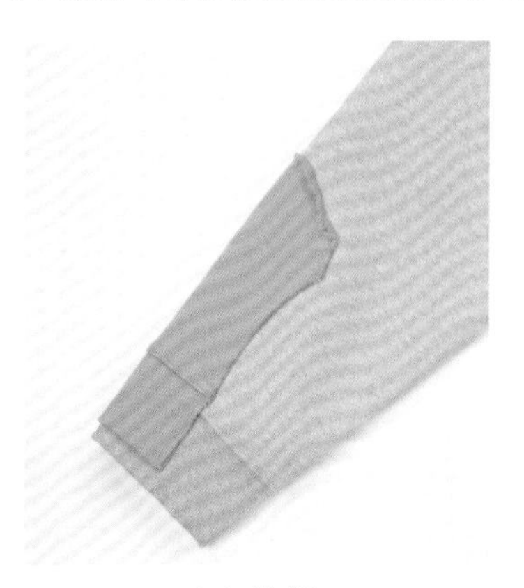

（b）袖部

图6-6　男装领、袖、腰部细节的局部设计造型运用

相对于系列男装服装廓型设计来说，服装款式设计更具有灵活的设计空间，更能够表达服装结构功能和款式风格（图 6-7）。

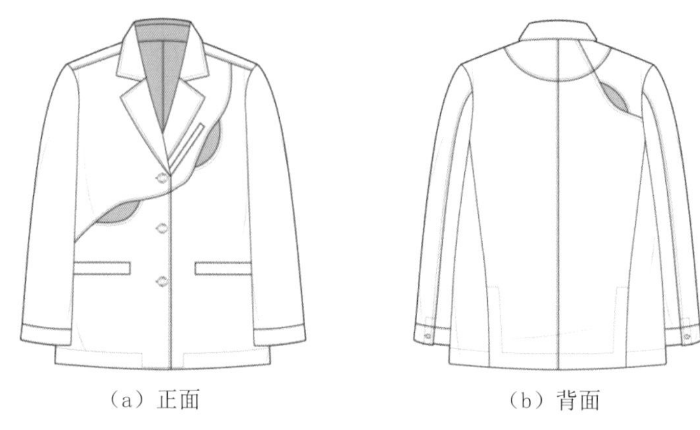

（a）正面　　（b）背面

图 6-7　服装款式正面和背面细节设计的灵活运用

从理论意义上说，一个系列男装的外部廓型可能只有一个，当然，受不同历史时期流行风潮的影响，在一个系列男装设计中，有时候会出现几种以上廓型的糅合。而系列男装设计中的内部款式设计则可以拥有更大的设计空间，在不同的设计主题引领下，结合形式美法则，会产生多样化的设计效果，增加了系列男装款式之间的形式变化，更加能够塑造系列男装的整体设计风貌，形成统一而又变化的和谐整体。因此，男装系列产品款式设计的原则可以概括为以下几点。

① 系列服装产品设计研发需要在品牌核心文化理念的统括下进行。产品设计风格需要能够与品牌一贯坚持的品牌形象相一致，并能够起到促进作用，以维护品牌长期以来在市场上所形成的品牌感召力，维护品牌在目标受众心里的品牌忠诚度（图 6-8）。

图 6-8　古驰男装的复古美学演绎

② 系列男装内部款式设计风格需要与外部廓型设计风格相一致或相呼应。服装设计尤其是系列服装设计更应该注重整体设计风格的把握，强调内部款式结构设计的同时，需要同时关注系列男装设计的外部廓型设计，使其内外部设计力度整体跟进，达到整体风格的和谐一致，否则会显得不伦不类，对于相对沉稳的男装设计来说，这种设计结果无疑是失败的。

③ 系列服装内部款式中的局部设计细节之间需要相互关联，主次分明（图 6-9）。

系列服装设计尤其需要注重系列之中个体之间的相互呼应，设计细节之间的局部与整体呼应，设计元素之间的相互穿插。在设计时，既要权衡处理每个局部之间的相互和谐统一，又要做到主次分明、轻重有序，使得系列作品款式设计既有丰富设计内涵，又不至于凌乱繁复。

（a）拉链头设计

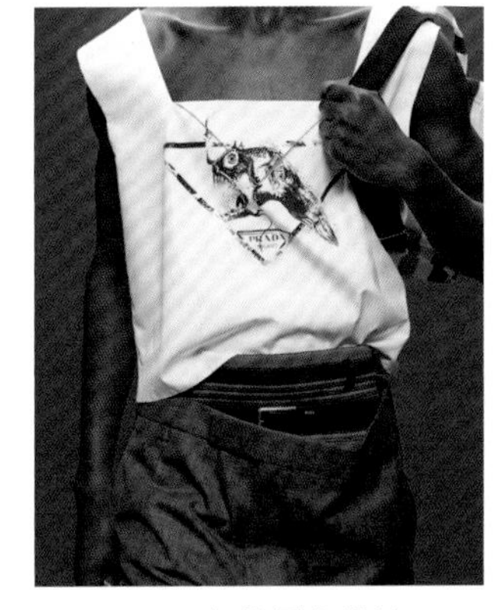

（b）印花图案设计

图6-9 普拉达男装的局部设计

2. 系列化男装色彩设计的原则

色彩设计同样是男装系列产品设计中极其重要的设计要素，无论是在卖场陈列还是具体着装搭配中，系列产品之间的色彩关系可以说一直是品牌男装进行系列产品提案规划中一个重要的组成部分。在系列产品设计研发之初，品牌设计部门即已拟订出若干个关于新品研发的设计主题提案，其中，就包含系列产品的色彩组合设计提案（图6-10）。

图6-10 男装色彩设计

通常在色彩设计提案中，品牌设计师会以图文形式表现出系列产品色彩组合方式，以及各系列产品之间的色彩搭配比例等方面的模拟效果。再将此色彩设计提案交由相关主管部门进行讨论，结合品牌过往的系列产品市场运作经验和流行色彩趋势等信息，以及对目标市场的消费趋势调查与研判，论证系列产品设计的色彩设计提案，在色相、明度、纯度，以及在系列产品设计应用中色彩组合方式、分割搭配、应用比例等方面的配置情况，讨论通过的色彩设计提案将作为系列产品色彩设计的参考依据，在进行系列产品设计时，依此作为色彩配置的设计导向。因此，男装系列产品色彩设计的原则可以概括为以下几点。

① 系列产品色彩取向以及配置方式与应用比例，需要遵循品牌风格所一贯沿用的色彩范畴。例如，男装品牌雨果博斯自诞生以来，无论流行色彩怎样轮转变化，都一直坚持用黑白作为主色来表达男装产品设计（图 6-11）。

图 6-11　雨果博斯男装

② 系列产品色彩取向需要以目标市场调研为基础。无视目标受众的男装色彩消费取向而闭门造车，带来的品牌经济效益，甚至是社会效益损失不言而喻。

③ 系列产品设计色彩取向需要关注包括流行色彩在内的流行趋势（图 6-12）。流行趋势往往伴随新的生活方式、新的消费趋向，而新的生活方式、新的消费趋向即新的市场空间，品牌经营者在经过详尽调研后，及时将产品触角延伸至此，将会有更多的收益空间。

（a）秀场大片

色彩搭配方案

单色搭配	PANTONE 15-3412TPX	PANTONE 19-3438TPX	PANTONE 16-3520TPX	
类似色搭配	PANTONE 15-3412TPX	PANTONE 14-3612TPX	PANTONE 14-3204TPX	
互补配色	PANTONE 15-3412TPX	PANTONE P 145-9 U		
三角对立配色	PANTONE 15-3412TPX	PANTONE 13-0711TPX	PANTONE 14-4908TPX	
正方形配色	PANTONE 15-3412TPX	PANTONE 14-1210TPX	PANTONE 12-0317TPX	PANTONE 14-4307TPX

（b）配色方案

图 6-12　雨果博斯男装 FW2022 系列成衣配色方案

以上谈及的男装系列产品色彩设计的原则中，遵循品牌一贯沿用的色彩范畴和关注流行色彩趋势，看似矛盾，不可同日而语。但是，针对不同的品牌运作方式和经营理念来说是不矛盾的，实际运用中，只需把握相互之间的“度”即可，一切以市场需求为判定准则。

3. 系列化男装面料设计的原则

在男装系列产品设计中，面料同样具有重要的地位，是系列产品的设计基础和物质体现。系列产品需要通过面料将设计创意表达出来，面料的品质同时也是男装消费者在进行购买消费时考量产品档次的一个重要标准之一。

在网络资源异常发达的今天，款式流行已经很快被克隆，形成区域内的普及化、同质化，而很多服装品牌则是通过定制或买断面料的形式来确保本品牌产品在市场上独一无二的地位，以期达到较好的经济收益目的，可见面料在服装品牌市场中的重要地位（图 6-13）。

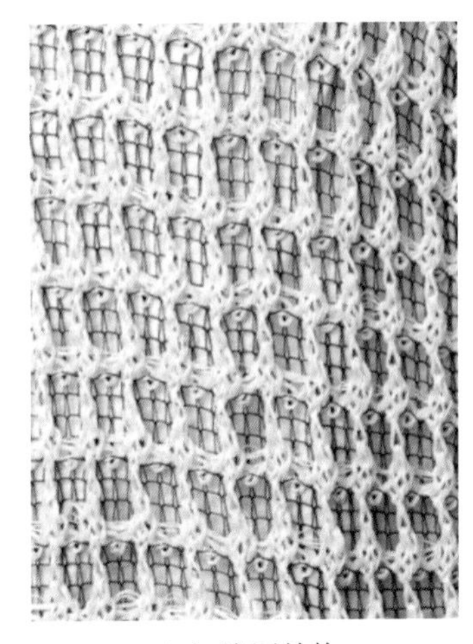
（a）渔网结构

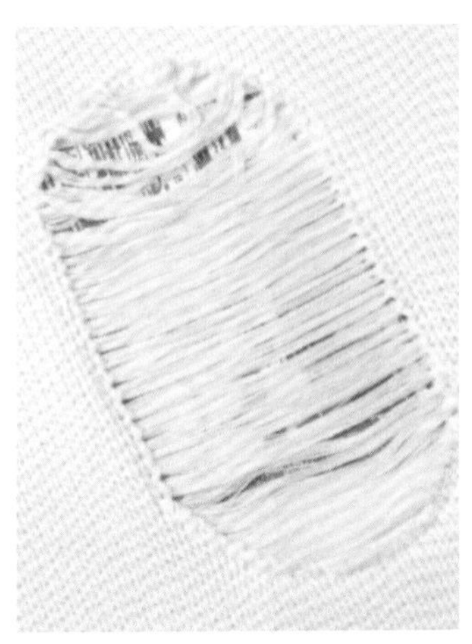
（b）局部破损

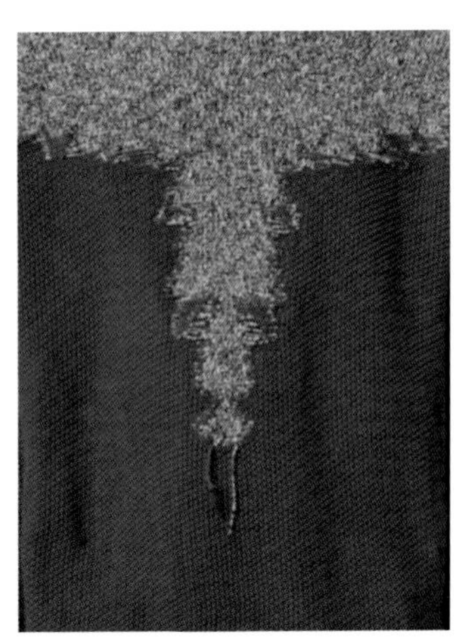
（c）块面碰撞

图 6-13　渔网结构、局部破损、块面碰撞的面料设计表现

在市场操作中，很多男装品牌在进行系列产品设计时，为了确保本品牌产品的市场占有率、提高产品销售量，除了采取定制或买断面料的形式外，更多的男装品牌多采取对面料进行设计加工的方法来提高产品附加值（图 6-14）。在男装系列产品设计中，对面料进行设计加工主要有两种方法。

（1）面料改造法。这种方法是对面料进行二次设计加工，改变面料的原有组织方式、色彩、肌理等状况，而后运用于男装系列产品设计中。例如，在面料设计中采用抽纱的方式改变面料原有组织方式；采用刺绣、雕花、烂花等工艺改变面料外观和肌理（图 6-15）；采用叠染、漂洗等方式改变面料的色彩效果等。这样，系列产品所表现出来的外部风貌与其他品牌直接运用在市场中所购的采用同样面料的产品相比，显然具有不同的设计效果。同时，面料的二次设计加工也大大提高了系列产品的附加值，增加了产品的设计含量，具有较好的销售卖点。

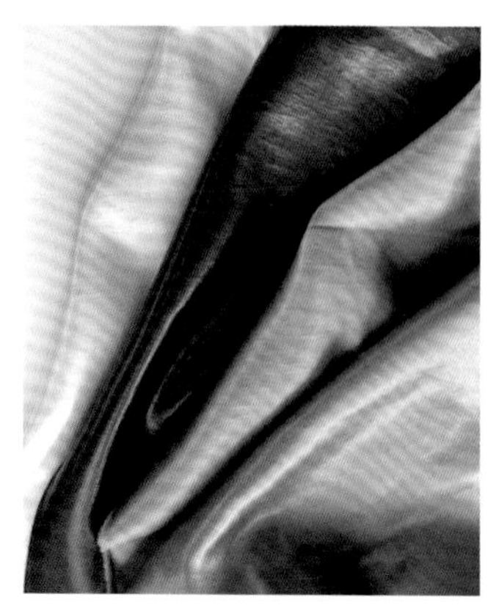

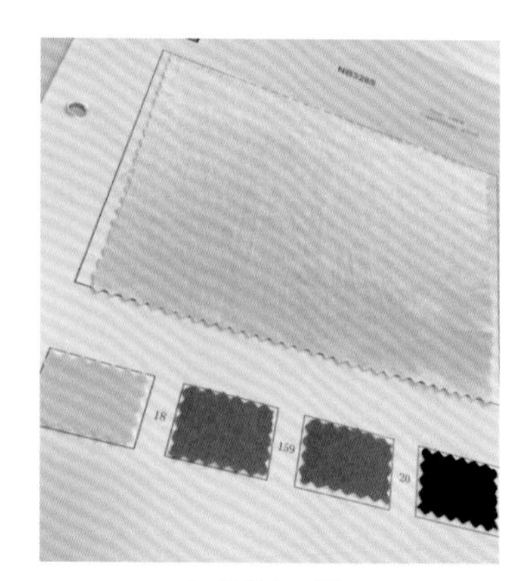

（a）面料细节　　（b）面料小样

图 6-14　特殊醋酸涂层面料

（a）刺绣　　（b）烂花

图 6-15　刺绣、烂花工艺在面料改造设计中的运用

（2）组合搭配法。在男装系列产品设计中，企业设计师通过一定设计规划，对系列产品中所用面料进行适当的组合搭配，使得系列产品呈现别样的设计组合效果，而区别于其他品牌男装产品的设计效果，从而达到突出本品牌系列产品在市场中的销售地位的目的，这也是设计的重要作用和目的。

在系列产品设计中，各设计元素并不是孤立地运用于某一个单品款式中，而是需要在系列产品中得到体现，这就需要设计师将这些设计元素合理地分配于系列产品中，最终表现出的系列产品风貌，既不是设计元素的按需分发，也不是设计元素的机械堆砌，而是一种内在的和谐与统一。其中，既包含强调与对比，也包含对称与均衡、比例与分割、节奏与韵律，而最重要的是在品牌理念统括下的设计元素的和谐与统一。当然，面料设计创意还需要辅以相应的男装产品结构和款式细节设计，才能将系列产品设计做得更加饱满。

三、系列化男装设计的意义

男装系列产品品类以其整体系列化的产品系列推进市场，形成强烈的品牌张力，特别是一些高端的男装品牌，在产品组合上其系列化设计感具有特别的整体优势，产品的形象定位和品牌特色形成鲜明的特色，在市场上本品牌系列产品占据较高的市场份额，价格也具有较好的竞争力。这样的男装品牌在消费者心目中易于形成完整感、丰富感、立体感等品牌印象，形成品牌服装产品消费的趋同心理，使得男装品牌推出系列化产品成为一种时尚行为趋势，具有一系列重大意义，主要概括为以下几个方面。

1. 于设计师的意义

系列化男装设计是艺术与技术的结晶，便于设计师将新一季的产品理念通过不同系列的多个构成单品充分地加以诠释。

2. 于男装品牌的意义

系列化男装设计是所属品牌将其所需引导的品牌理念，最大化传递给受众的最好方式之一。品牌只有通过系列化的产品设计与服务，才能将其实用功能以及附加的精神功能传递给受众，以获得更多的品牌美誉度和品牌价值。

3. 于消费者的意义

消费者对于自己信赖的男装品牌往往会形成固定的消费观念，消费本品牌产品逐渐形成一种行为习惯，通常只有该品牌产品在市场竞争中逐渐显得难以满足其更多、更高的消费要求时，才将自己的消费习惯、消费喜好加以转移寻找新的目标。

很多情况下，消费者希望自己青睐的品牌不断推陈出新，并希望能够在消费中得到身心愉悦。尤其是大多数男装消费者，有着较为固定的品牌消费习惯，例如，海澜之家男装深受广大男性消费者喜爱，因为该品牌一站式服务理念，为男装消费者提供了省时、省力、省心的购物体验（图 6-16）。

图 6-16　海澜之家一站式服务线下门店

4. 于市场的意义

如今男装市场细分程度日益加剧，面对越来越窄小的细分市场，男装品牌所坚持的单品款式，有时会难以应对受众的多元化、消费的多样化选择，盈利空间也越发窄小，而采取系列化的产品来扩展产品卖点，无疑会给品牌在强大的市场竞争中带来更多的盈利机会。

通过不断推出的系列产品品类扩张市场份额的男装品牌，在品牌运作呈良性循环趋势时，此类不断递增的产品类别量，结合优质的品牌内涵文化，更容易在消费者心目中形成消费风向标。

第二节　系列化男装设计的条件

设计主题的表述及服装风格的展现是系列化男装设计的重要条件。在现代服装设计，尤其是品牌服装设计中，一定要了解系列化设计的基本概念才能通过系列化服装设计来展现服装所蕴含的品牌文化。

一、系列化男装设计的主题与风格

设计行为中的主题是指创作者在设计行为中通过创作素材和表现形式所表达出的基本思想、主要方向、风格特征等。创意主题对于创意作品、创意行为的表现形式和主题思想具有一定的指引作用，是创意活动的立意标杆。

1. 系列化男装设计主题

系列化男装设计主题的确定，是系列化男装设计开始的基础，为后面的成衣设计明确了设计方向。

（1）系列化男装主题的作用。男装品牌公司在开发新一季产品时，通常先拟订若干个男装主题方案，进而围绕这些主题进行深入论证、细化设计，接着后期的产品设计、裁剪、工艺制作，以及展示包装等均是对这些主题的跟进，最终呈现出既定的主题男装设计产品（图6-17）。系列化男装的主题在产品创意设计企划中具有明确指引方向的作用，是创意设计灵感的进一步具体化；是引领围绕该系列产品开发所展开的全部后续行为。

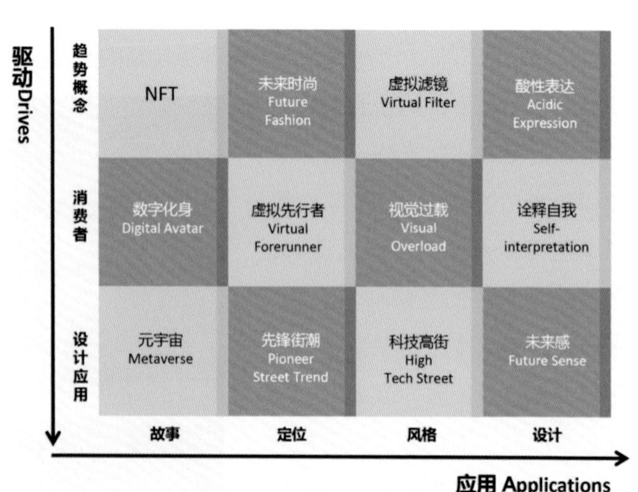

图6-17　以“元宇宙”为设计主题的方案论证分析

（2）系列化男装主题的表现路径。设计师在确定新一季产品开发的创意主题之后，需要从众多创意元素中提取出符合产品开发方案主题的元素，再通过一定的表现路径或者表现载体来表达主题，将主题以实物产品的形式呈现出来给消费者。其表现路径包括：收集灵感方向，确定表现元素及风格，确定设计方案及色彩、材料、工艺方法，确定包装、展示方式等一系列，即包括从最初创意灵感萌动到最终产品落地实现一系列环节。

在系列化男装主题的表现路径中，设计师需要做好各环节的过程与分步结果的把控，对于不符合表现路径或者不能充分表达主题的相关路径环节，需要依据过往从业经验或者相关品牌的成功经验参考，及时做出调整，确保表现路径的结果能够诠释主题。

（3）系列化男装主题的表现方法。系列化男装的主题开发与拓展有很多方法。设计师在产品开发之初需要根据男装品牌产品的设计理念、市场定位、消费者需求调研分析、过往的销售数据、竞争品牌新一季产品设计理念导向，以及该品牌长远的发展愿景，对产品设计的基本思想、风格特征、市场定位、价值观念等做出正确、科学的规划指引，即“产品研发的架构计划”，其中便包括主题的规划。只有做好男装品牌前期的规划，后期的主题开发与拓展便有了明确的方向。

（4）系列化男装主题的把控。在进行系列化主题设计时，设计师需要对所收集的信息进行把握、控制，只有充分地了解设计主题才能进行合理支配或运用。在系列化男装产品设计中，设计师在制定好新一季产品开发主题后，还需要围绕设计主题进行一定的整合、控制，包括主题与品牌理念的融合，主题与产品结构配伍、协调，主题下系列产品的设计、裁剪、制作的可行性分析，以及主题作为导向所开发出的系列产品在投放市场后的受众接受程度等（图6-18）。

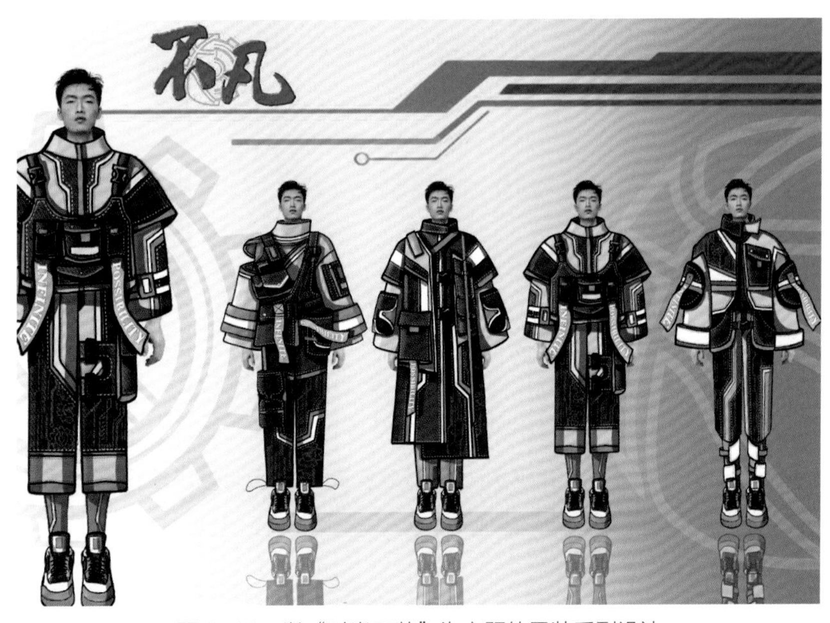

图6-18　以“时尚工装”为主题的男装系列设计

2. 系列化男装设计的风格

服饰风格是服装在形式和内容方面所显示出来的价值取向、内在品格和艺术特色。服装风格不仅表现了设计师独特的创作思想、艺术追求，同时也传达着着装者的审美意趣，反映出鲜明的时代特色。服装风格是一种将服装分类的有效手段，任何一种成熟的服装风格应该具有独特性。划分服装风格的角度和依据很多，不同的划分标准赋予服装风格不同的含义和称呼。男装的风格主要有以下几种。

（1）古典风格。古典风格在男装设计中主要表现为讲究平衡、简约、合理、单纯。情感表达上通常带有强烈的唯美主义倾向，体现出理性、典雅、优美、纯粹的审美特征（图 6-19）。

图 6-19　古典风格系列男装设计

古典风格男装设计受古典主义思潮的影响，在男装设计中体现出正统和平衡的视觉感受，没有繁复的装饰，服装造型整体合身，服装款式简约大方。色彩以黑色、藏青、藏蓝、深红、灰色等深色系底色为主，搭配素色图案。服装内外搭配规范考究，基本不会受到流行趋势的左右（图 6-20）。

图 6-20　古典风格男装设计

古典风格男装适用于政务、商务、礼仪、聚会等活动穿着，属于较为保守的穿着。此外，裁剪制作精良、面辅料选用高档，易塑造出现代绅士感觉。英国传统精制西装属典型的古典风格男装，其款式如燕尾服、塔士多礼服、正规的羊毛套衫等也是如此。

（2）简约主义风格。简约主义在审美上具有工业文明的烙印，以最简练的语言展现现代社会的本质，具有现代的构成美感。始于绘画界，随之蔓延影响到建筑、电影、戏剧、服装和产品设计等领域。

设计师吉尔·桑达（Jil Sander）是时装界简约主义风格的代表人物之一。吉尔·桑达品牌由于节俭的美学和简洁的线条而闻名。设计师把简约主义风格作为一门艺术进行研究。她摒弃一切的多余细节，拉链和纽扣被完全摒弃，几乎不要任何装饰，把一切多余的东西从服装上拿走，如果面料本身的肌理已经足够迷人，那就不用印花、提花、刺绣；如果穿着者的身材非常匀称，那就决不另外设计廓型，这时，人的体形就是最好的廓型（图 6-21）。

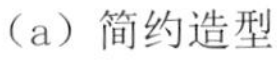
（a）简约造型

（b）简约配色

图 6-21　吉尔 · 桑达 2022 ~ 2023 秋冬巴黎男装发布会简约精神的表达

简约主义风格追求以人为本、人的舒适、环境品位为设计前提，吸收了后现代主义、解构主义等设计流派的理念精华，延续了现代主义的设计精神，符合时代发展的需求（图 6-22）。

（a）中式立领的应用

（b）解构主义的应用

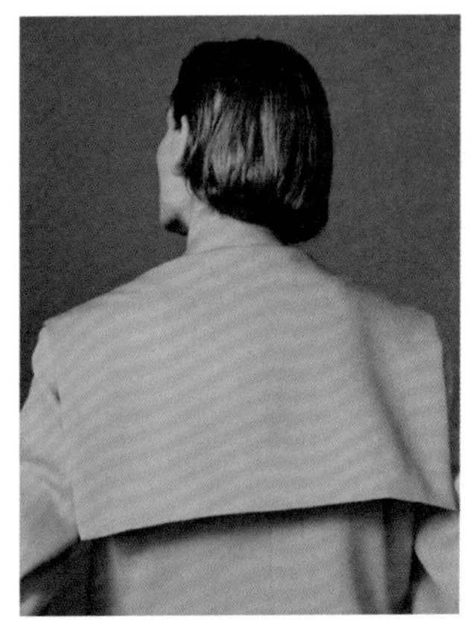

（c）防风片的应用

图 6-22　简约而不简单的系列男装设计

（3）时尚前卫风格。标新立异、特立独行指的就是前卫型风格，不仅穿搭独特，思想也是独立的，是走在时尚前沿的风格。时尚前卫风格受波普艺术、抽象派别达达主义、表现主义艺术等影响（图 6-23），造型特征给人以标新立异的视觉感受。设计师运用夸张另类的设计元素进行服装设计，强调对比带来的反差效果。它表现出一种对传统观念的叛逆和创新精神，是对经典美学标准做突破性探索而寻求新方向的设计，常用夸张、对比、二次元的手法处理形、色、质的关系。

图 6-23　抽象派、波普艺术、达达主义的表现主义艺术

在设计中往往以自由的表现手法，无拘束、无原理、无传统，打破了一切障碍和界限，一切冲突都被包容，视为合理。对历史的风格采取抽出、混合、拼接的方法，进行折中处理。解构、混搭思潮也影响前卫风格的演化。

前卫风格男装具体表现为款式造型夸张，结构复杂，用色（常用对比色）和搭配（内外、上下）突破常规（图 6-24）。多使用奇特新颖、时尚有冲击力的面料。如各种真皮、仿皮、牛仔、上光涂层面料等。

图 6-24　特立独行的前卫风格系列男装设计

前卫风格是时尚潮流中最具创意的风格，相对于大多数的着装而言，它是时尚、新奇的，甚至是怪异、另类、大胆的，在设计上通过与众不同的构思来表现出作品的独特性和设计师的个性。

（4）运动风格。运动时装是兼具运动风格和时尚专业修身剪裁的服装。运动风格时装化设计是将运动服装的自由舒适和专业功能性与时装中的曲线修身、潮流时尚巧妙地融为一体，是近年来国际时尚界的一大热点。运动时装突出了“运动时装化”的概念，所表现出来的已经不仅仅是它功能上的价值，时尚、性感、气场、影响力展现出运动时装的新内涵。在运动时装设计中，通常会较多运用块面与条状分割及拉链、商标等装饰设计元素（图6-25）。

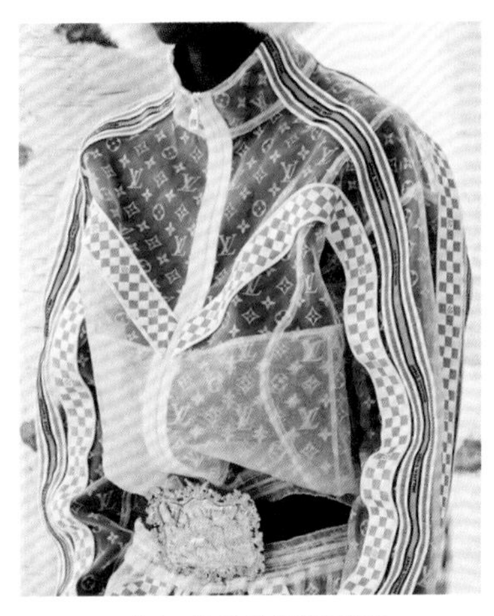

（a）块面分割的应用　　（b）条状分割的应用

图6-25　兼具运动风格和时尚剪裁的运动风格系列男装设计

运动风格服装多使用线与面结合的造型表达方式（图6-26）。线造型以圆润的弧线和平挺的直线居多，而且多为对称造型。面造型多使用拼接形式而且相对规整，偶尔以少量装饰如小面积图案，商标形式体现。运动风格服装轮廓多为H形，自然宽松，便于活动。面料多用棉、针织或棉与针织的组合搭配等可以突出机能性的材料。色彩比较鲜明而明亮，白色以及各种不同明度的红色、黄色、蓝色等在运动风格的服装中经常出现。

（a）北面　　（b）古驰

图6-26　北面与古驰联名的户外运动男装设计

（5）休闲风格。休闲风格的关键词是轻松、随性，在时装上涵盖范围较广，通常来说有别于严谨、庄重、正装的服装风格都可以称之为休闲风格。穿着休闲风格服装，追求的是舒适、方便、自然以及无拘无束的感觉。休闲风格讲究穿着、视觉上的轻松、随性。其年龄层跨度较大，是一种适合多阶层日常穿着的服装风格（图 6-27）。

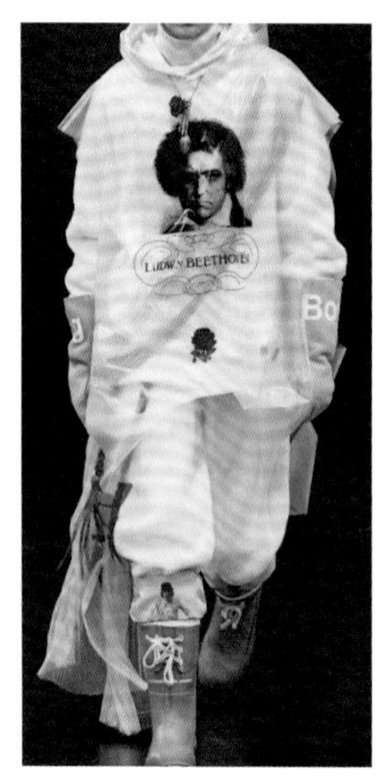

图 6-27　休闲风格服装设计案例

休闲风格服装在造型元素的使用上没有太明显的倾向性。点造型和线造型的表现形式很多，如图案、刺绣、花边、缝纫线等；面造型多重叠交错使用，以表现一种层次感；体造型多以零部件的形式表现，如坦克袋、连衣腰包等。休闲风格线形自然，弧线较多，讲究层次搭配，搭配随意多变。面料多为天然面料，如棉、麻等，经常强调面料的肌理效果或者面料经过涂层、亚光等技术处理。色彩比较明朗单纯，具有流行特征。

（6）浪漫优雅风格。浪漫优雅风格具有较强女性特征，兼具时尚感、成熟感，是外观与品质较为华丽的服装风格（图 6-28）。此风格的服装讲究精致的细节设计，呈现出优雅稳重的气质风范，色彩多为柔和的灰色调，使用的面料较为高档。浪漫优雅风格通常也被称为新古典主义，它建立在现代社会的审美之上，集优雅、实用、完美、浪漫为一体。

优雅的男士通常具有较为浓厚的知识氛围和都市气息，张弛有度的处事行为给人以非常斯文的感觉，虽然有时有些不太实际的想法，但为人温和、亲切，显得浪漫且风度翩翩。

浪漫优雅风格不是简约主义，虽然摒弃过多的装饰细节，包括金饰品挂件，搭配也简单，但它注重穿着功能性，裁剪合体，重视穿着者的气质与服饰的协调，以此突显穿着者干练的工作作风，所有这些主要是倡导精致的生活方式。

（7）朋克风格。朋克风格服饰多数来自于皮革，而且很多倾向于女穿男装，佩戴金属类的饰品（图 6-29）。朋克风格男装中常运用到破洞、烂花等设计手法。

图 6-28 浪漫优雅风格男装案例

（a）项链

（b）指环

（c）指环

图 6-29 克罗心融合摇滚朋克、街头嘻哈的奢华风格金属类的饰品

设计师薇薇安·韦斯特伍德（Vivian Westwood）被称为“朋克之母”，是 20 世纪末时尚界最重要的设计师之一，许多人对她对时装界的贡献总结为：将地下和街头时尚变成大众流行风潮。

朋克风格男装设计通常采用骷髅、皇冠、英文字母等图案装饰，工艺制作上通常镶嵌亮钻、亮片、铆钉等装饰元素，展现另类的繁复华丽之风（图 6-30）。

（a）流苏英文字母元素

（b）亮片元素

图 6-30 带有字母和亮片装饰元素的朋克风格男装

虽然朋克呈现一种另类华丽之风，甚至有些花哨，但服装色彩调性整体一致。朋克装束的色彩运用通常也很固定，例如红黑、全黑、红白、蓝白、黄绿、红绿、黑白等搭配运用，最常见的当属红黑色彩搭配。其工艺制作也十分精致考究，在这点上又可区分嬉皮，嬉皮比较粗犷，疯狂，没有朋克的细致和精雕细琢（图 6-31）。

（a）金属感

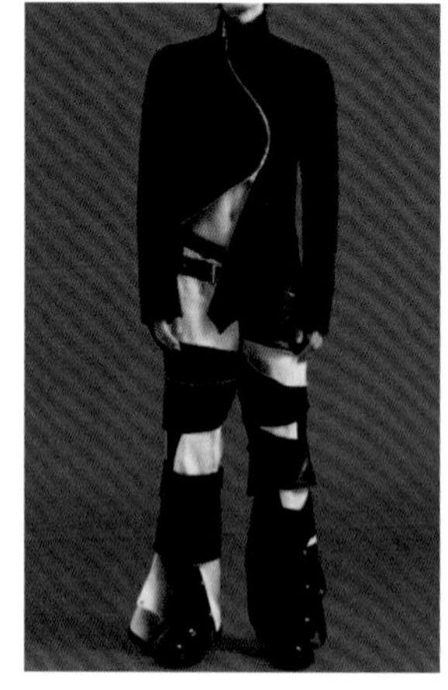
（b）破碎感

图 6-31　红与黑搭配的朋克风格男装

朋克风格的另外特征是服装的破碎感和金属感。朋克系列多喜好用大型金属别针、吊链、裤链等比较显眼的金属制品来装饰服装，尤其常见的是将服装故意撕碎和破坏的地方用其连接（图 6-32）。

图 6-32　夸张的金属配饰在朋克风格男装中的运用

（8）复古怀旧风格。复古怀旧风格作为当下风靡的服装风格，有着极大的市场潜力。通常来说，人们以服装剪裁风格、服装处理工艺、服装元素以及服装材料四大方面去辨别服饰的风格，而复古怀旧风格涵盖了大量的时尚元素体现在服装各方面。

① 格纹元素。20 世纪 60 年代末，源自英国贵族的格纹元素成为引领时尚界的潮流。时至今日，格纹元素仍然屹立于时尚舞台，成为经典风格（图 6-33）。

② 波点元素。国际知名的日本艺术家草间弥生是波点元素的忠实爱好者，黛安娜王妃、凯

特王妃穿着波点元素的服装，将复古波点元素推向时尚潮流巅峰（图 6-34）。

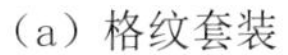

（a）格纹套装

（b）防水格纹面料

图 6-33　经久不衰的格纹元素

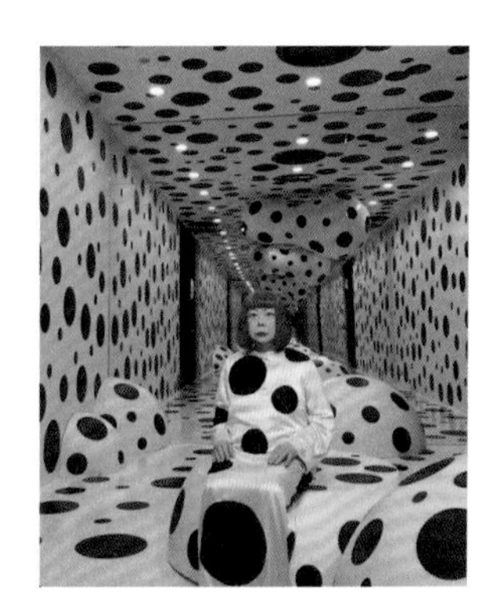

图 6-34　日本艺术家草间弥生的波点元素艺术作品

③ 剪裁风格。20 世纪 60 年代的阔腿裤、喇叭裤由“猫王”将其推向时尚巅峰，以服装耐用性为主导的美式复古风也在复古界占有一席之地。

④ 经典 MA-1 夹克。MA-1 夹克也叫“飞行员夹克”，是 1955 年由阿尔法（Alpha）公司根据美国国防部的要求所设计的飞行员服装，而后由著名的美国高街品牌 Fear of God 重新立裁设计（图 6-35）。

复古怀旧风格体现在对现实事物反感，追求已逝去的东西，它是对过去和古老时光的怀念，这种怀旧心理是生活在现代社会下的一种平衡。习惯于繁华的都市生活，但内心烦躁，遐想通过某种方式实现，而复古怀旧风格成为宣泄情绪的最佳途径（图 6-36）。

图 6-35　MA-1“飞行员夹克”

（a）做旧效果

（b）复古豹纹

图 6-36　复古怀旧风格

复古怀旧风格男装设计在细节及处理上也崇尚残旧效果，通过后期加工，在服装上刻意留下时光的痕迹以表达风格的独特性。在做旧手法上有诸多分类，以石洗、酵素洗、化学洗、砂洗为主，以达到服装灰蒙、褪色、褪毛等效果，也会将刷白、漂染、披口、皱褶或是拼布等手法施于各类上衣和裤装上，或者将旧款服饰重新设计变成新款（图 6-37）。

图 6-37　通过漂洗、褪色等工艺使服装呈现出残旧效果的复古怀旧风格男装

（9）英伦风格。英伦风格源自英国维多利亚时期，以优雅、高贵为特点，通常运用苏格兰格子面料经过精致的剪裁，体现出男士的绅士风度与儒雅气质。英伦风格包含英伦学院风格和英伦复古风格（图 6-38）。

图 6-38　优雅、高贵、绅士的英伦风格男装

精致合身的剪裁，得体的穿着是英伦风正装的服饰特征。亚麻衬衣，合适的鞋子、柔软的围巾以及休闲的裤子都让男士拥有了休闲而不失绅士的味道，休闲中透着稳重，稳重里又含着青春，会使男士更加典雅、绅士、多变。

（10）中性风格。中性风格指形象打扮具有异性的特质，也保留着自身性别的特质，表现出阴阳融合的风格。中性风是阴柔与阳刚的完美平衡。中性风颠覆了传统观念中男性稳健、硬朗、粗犷的阳刚之美，以及女性高雅、温柔、轻灵的阴柔之美，将阴柔和阳刚进行平衡的混合，创造出了独特崭新的风格。中性风是设计师关注的重要主题之一，因其混合了自信、幽默和一种天真无邪的性感，印证了摩登和帅气所散发出的冷静自我，超越性别的界限，在衣柜里为女人、男人找到和平共存的理由和共鸣。

随着社会、政治、经济、科学的发展，人类寻求一种毫无修饰的个性美，性别不再是服装设计师考虑的全部因素，介于两性之间的中性服装风格，成为时尚的独特的风景（图 6-39）。

（a）亮片及刺绣的应用

（b）缎面 A 字形大衣

（c）温柔的色彩搭配

图 6-39 中性风格男装

现代男士愈加温柔和女性愈加干练已成趋势，兼有女性色彩的中性风格男装也纷纷出炉，男女装之间的距离有越来越拉近的趋势，如外形紧身的衬衫、外套、针织衫等设计，无论在尺寸和风格上已很难区分二者的差别。中性风格男装中呈现了原本属于女性的柔美，女性化倾向已演变为男装设计的重要方向。如今中性风男装涵盖儿童、青少年服装和成人服装，这已成为当代服装流行趋势。

二、工艺技术与品质要求

通常来说，由于受到礼仪规范和观念的影响，男装需要表现出男性的风度和阳刚之气，强调一种理性、严谨、挺拔、概括的风格。其次，男装更注重精良的制作工艺，利用流畅的裁剪技术来塑造男性挺拔阳刚之美，以及运用各式面料搭配来塑造简练、洒脱的外观廓形，使之与男性内在气质相融合。其工艺技术与品质要求主要概括为裁剪工艺、装饰工艺、缝纫工艺、熨烫工艺几个方面。

1. 裁剪工艺

裁剪工艺是指将衣料分割成各种所需形态衣片的一种加工工艺。裁剪工艺中又分为批量裁剪（又称工业裁剪）和单件裁剪。

（1）批量裁剪。批量裁剪是指按照服装号型系列制作样板进行多叠层的裁剪，是服装工业生产中的主要裁剪形式（图 6-40）。批量裁剪的主要步骤包括材料检验、制定规格和样板、排料、划样、铺料、开裁、分包、编号、扎包。

（2）单件裁剪。单件裁剪是指对合体要求较高或特殊体型的定制服装、样品等进行裁剪（图 6-41）。

图 6-40　按照服装号型系列制作样板进行多叠层裁剪的衣片

图 6-41　单件裁剪适用于高级定制服装消费人群

根据穿着对象的体型或样品测取各种裁剪数据，上衣主要测量部位有衣长、胸围、肩宽、袖长、领围。裤的主要测量部位有裤长、腰围、臀围、上裆长。单件裁剪的方法主要有比例法、原型法、定寸法、短寸法和立体法五种。

（3）裁剪工艺的品质要求。裁剪工艺的品质要做到各部位里料大小、长短应与面料相适宜，不吊里、不吐里；避免裁片同向、倒顺毛常见错误等。

2. 缝纫工艺

缝纫工艺是指把衣片缝合成服装的工艺。缝纫工艺可分为手缝工艺、机缝工艺、特殊工艺等。

（1）手缝工艺。手缝工艺的很多针法不能用现代缝纫机器替代。手工工艺具有线迹精细、平整，针法丰富等特点，被誉为高档工艺，是中国传统手工技艺（图 6-42）。

手缝工艺的主要工具是手缝针、顶针箍、缝线等工具。丝绸等纤维较细的织物宜用细针；锁眼钉纽宜用粗号针，一般毛料则用粗细适中的尺寸。

（2）机缝工艺。缝纫机缝制工艺具有针迹整齐、工效高等优点。常用的机缝工艺有合缝、包缝、咬缝、骑缝、平接缝、平叠缝、来去缝、分缉缝等。

（3）其他特殊工艺及其加工设备。服装加工的主要机缝设备有平缝机、包缝机，以及取代手工的开袋、锁眼（图 6-43）、扎驳、钉扣、装袖、复衬、装裤腰、打褶等各种专用服装加工机器。

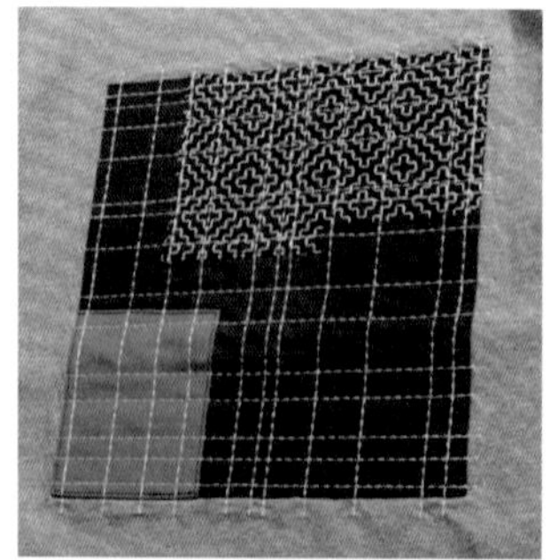

图 6-42　传统手缝工艺在服装中的运用

图 6-43　服装开袋及锁眼

随着科技的飞速发展，先进的机缝设备采用工业摄像机和电子计算机监控，可以做到自动识别裁片的样式，传送并进行自动分类控制等，大大提高了加工效率和品质。

（4）缝纫工艺的品质要求。缝纫工艺品质要做到车线平整，不起皱、不扭曲，双线部分要求用双针车车缝，底面线均匀、不跳针、不浮线、不断线；画线、做记号不能用彩色画粉，所有唛头不能用钢笔、圆珠笔涂写；面、里布不能有色差、脏污、抽纱，不可恢复性针眼等现象；拉链不得起波浪，上下拉动畅通无阻；隐形拉链链尾封口上量 0.3cm 手工的针，连衣裙拉链隐形拉链则上下距封口 0.3cm 处手工的针；所有布袢、扣袢之类受力较大的袢子要回针加固；所有的尼龙织带、织绳剪切要用热切或烧口，否则可能出现散开、拉脱现象；上衣口袋布、腋下、防风袖口、防风脚口要固定；车在衣服外面两侧的织带、花边，两边的花纹要对称；所有袋角及袋盖如有要求打枣，打枣位置要准确、端正等。

3. 熨烫工艺

熨烫工艺是对服装部件或成衣做热处理的工艺（图 6-44）。

（1）熨烫的作用。熨烫可以消除织物褶皱，使其平整；可以矫正织物染整工艺中形成的纬向丝绺歪斜，使织物复原，便于后期的裁剪和缝制；可以防止衣片在缝制中因受热而产生伸缩现象；利用织物可塑性，促使衣片形态由直变弧或由弧变直，以便加工出合体的成衣；可以对成衣外形进行修改和整理，从而弥补工艺操作中的不足，使成衣外观更加平挺、服帖。

图 6-44　服装熨烫

（2）熨烫的条件。熨烫需要具备温度、湿度、压力三方面的条件。其中温度是关键。按各类织物的性能特点，使外加的输热度与织物固有的耐热度要相适应。温度过高会损坏织物，过低则熨烫无效。通常掌握的熨烫温度是：合成纤维 90 ~ 160℃，其中锦纶 90℃左右，丝类 120℃左右，羊毛类 160℃左右，加湿布 200℃左右，棉布类 180℃左右，麻类 190℃左右。

（3）熨烫的压力和时间。熨烫压力的大小和时间长短，需根据衣料厚薄和原料固有性能而定。一般薄型质松的衣料所需压力较小，熨烫时间也短，厚型质密衣料反之。织物不能直接放在案面上熨烫，需垫薄毯，毛料产品还需上盖湿布，以保持衣服整洁而不产生反射光。

（4）熨烫的方法。推、归、拔是加工毛料服装的传统熨烫方法，可以使平面状衣片产生立体造型，以及服装贴体平整的效果。一般熨烫时，推与归交互进行。推是在衣片的胸、背、臀等部位进行推烫，使织物隆起。归是根据人体凸起的边缘部位，将衣片相应部位的织物进行聚集归缩熨烫，使边缘长度缩短，使凸起部位效果更显著。拔是对衣片需要延展的部分，将织物拔开（伸长）熨烫，通常用于衣片的腰部、袖肘、领脚和裤片中裆（膝位）等部位。

（5）熨烫工艺的品质要求。熨烫工艺中要避免织物，特别是化纤织物烫焦变色；避免用电熨斗不垫水布，可能造成织物产生“极光”即织物局部发亮；熨烫面必须整理平整，否则会烫出不可恢复的织物折迹、死迹现象；避免熨烫过程中产生大面积没有过烫、漏烫情况等。

第三节　系列化男装设计的步骤及要点

在男装的系列设计中，系列的逻辑性是系列的特点。优秀的设计作品是由各设计要素共同配合衬托的结果，优秀的系列作品更是将单品男装的造型元素展开为系列化构思的设计过程。男装与整个环境的状态以及系列中男装与男装之间、男装与服饰品之间各种形与色的延伸与组合，展现出系列产品或系列作品的时尚印象和风貌。本节主要介绍系列化男装设计的步骤以及系列化男装设计的要点。

一、市场调研与目标群体分析

对于服装设计师而言，想要精准地把握男装系列化设计方向和步骤，必须针对市场男装品牌进行比较透彻的调研和分析，并深入了解男装的品牌文化，充分分析各种强有效的内外部传播途径，形成消费者对品牌在精神上的高度认同。设计师在积累创意素材时，需要兼顾品牌文化所倡导的价值观念、生活态度、审美情趣、个性修养、时尚品位、情感诉求等精神象征。用于新产品开发的设计创意素材需要能够与品牌产品受众的价值观、个性、品位、格调、生活方式和消费模式等方面产生共鸣，为促进品牌与受众之间的情感依赖起到催化作用。

例如，柒牌男装定位于成熟稳重的商务男性，是国内较早挖掘中国文化的男装品牌之一。柒牌男装产品素来以风格时尚、款式经典、做工考究而著称，巧妙地运用中国元素与现代男装设计相结合，在男装设计中融入水墨竹林、山脉长城等中国元素，体现了柒牌对品牌文化的诠释与推进，受到众多男装消费者的青睐。其中，柒牌男装的中华立领系列产品，已成为商务男装时尚化、中国化的代表，越来越受到服装界的高度关注（图6-45）。

（a）盘扣元素

（b）中式立领

图6-45　柒牌男装将中国元素与现代男装设计相结合

二、绘制效果图与纸样设计

1. 设计构思

设计构思是系列化男装设计方案的第一步，是服装设计师运用创作性思维，对服装整体设计进行全方位思考和酝酿的过程。

2. 设计表现

经过反复修改完善确定可行的设计方案后，就要绘制效果图。绘制效果图是服装设计的重要环节之一。从绘制效果图的方法上看，手工绘制、电脑绘制或者二者结合等方法皆适用（图 6-46）。

图 6-46　手绘男装系列设计效果图

3. 系列男装构思从草图入手

草图是系列男装设计构思中可视形象的表现形式，是对男装形与色各要素进行延伸与组合的思考、设想和计划。构思草图是一个冥思苦想的过程，设计效果图的完成更应该是一个细致完整的过程。它一方面要表现出想象的艺术形象；另一方面需要表达出设计主题的艺术氛围、男装样式，其中对轮廓或有些细部还需作详细的刻画。优秀的时装效果图具有主题作品的审美意义和耐人寻味的细节，并可以烘托出男装创造的氛围与情调。

大量的草图是优秀设计作品诞生的保证。在挑选出来的草图基础上可进一步完善轮廓、细节、比例，最后调整线稿并绘制色彩效果图。当设计者完成了设计效果图时，接下来还须思考对面料的选择、设计细样、制作样衣与样衣试穿补正、调整、展示、销售反馈等全过程。在企业里，面料的选择更是该产品成功的关键。

4. 组成系列男装的套数

通常来说，一个系列的男装一般在 3 套或 3 套以上，4 套左右为小系列，12 套以上为大系列（图 6-47）。男装系列设计中一般都有女装的搭配，这也是一种平衡的表现。在系列男装设计中，服装设计师应根据实际情况构思设想，包括设计师本人对系列整体的把握能力、可能提供的面料条件、展示环境条件、个人的创造情绪等，来确定系列的大小。

图 6-47 《人中之龙》系列男女装组合设计效果图 1（作者：徐文洁）

5. 系列男装设计图的完成

一个主题系列设计完整的设计稿必须包括以下几个方面。

（1）系列设计效果图。系列设计效果图是表现已经构思的设计形式。它包括了草图构思，人体动作构思、设计上的细节、着装效果以及绘画技巧和艺术效果的表达。

（2）正面款式图与背面款式图完成人物着装后，还必须画出男装的正面或背面款式图（图 6-48、图 6-49）。一般款式图以单线形式比效果图小 2/3 左右画出来。款式的比例尺寸、细节都必须能让打样师、工艺师所理解。

图 6-48 《人中之龙》系列男女装组合设计效果图 2（作者：徐文洁）

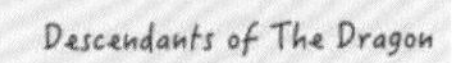

图 6-49 《人中之龙》系列男女装组合设计效果图 3（作者：徐文洁）

（3）细部的表现。在男装设计中，有些特别复杂的款式细节部位无法表达清楚，需在效果图相应的部分放大画出细节部件的要求，同时用几何线型圈出，并用直线直接指向细节部位。效果图上还需贴有面辅料小样等（图 6-50）。

图 6-50 配件细节及面料小样

（4）文字说明。一个系列服装的设计，应有相关的文字说明和文字主题名。文字说明包括设计主题名、灵感来源、设计意图、规格尺寸、材料要求、面辅料种类和面料小样说明等。按效果图的款式，设计画出 1 ∶ 5 的结果图，系列样衣的制作是要画出 1 ∶ 1 的结构图或样板型，由样衣师完成样衣再进行生产。

6. 样衣制作

系列设计效果图完成后，接下来的就是技术工作。在设计纸样之前，首先需要设定样品制作的成衣规格尺寸，一般采用国家统一服装号型中的中间号型，以方便后续的样板缩放和批量生产。

当纸样铺到布上裁剪后，制作的技术工作就开始了。在认真考虑所用材料、配饰以及制作工艺要求等因素之后，做出初样。通过制作初样常常可以进行调整和修改。最终样衣制作完成后，就可以对能否批量投产做出决定。

三、面辅料配置与工艺设计

1. 面料配置

系列化男装设计需要通过具体的服装材料来将设计创意实物化表达出来，将男装设计创意以面料实物化表现的过程中，在选择适合的面料、辅料的同时，也包含了对面辅料色彩的选择，以及对服装廓型的设计考虑，对于产品设计来说，这些设计要素均需要联动着来考虑，才能达到整体的和谐统一。而设计中，还需要服装设计师运用专业的眼光，把握相关设计视角，才能更好地将产品设计目标明确化、清晰化，并将产品风格与品牌文化的综合实力充分表达出来。

（1）面料选择。随着材料科学的日益发达，面料的变化逐渐成为设计的一大亮点，它的性质很大程度上决定了服装的款式风格和工艺技术。面料在色彩、纱线、花型等方面的创新成为设计师塑造不同风格服装形象的重要手段。通过范思哲 2019 ~ 2022 年秋冬时装发布会的作品可以看出，该品牌每年的款式变化幅度有限，最大的特色则是面料材质的变化。设计师根据流行趋势使用不同的面料和色彩来诠释时尚，既巧妙地缔造了时尚又不违背经典。如果只是借助款式的变化来吸引观众，只能使男装流于花哨，更缺乏应有的深刻性（图 6-51）。

（a）2020 秋冬系列

（b）2021 秋冬系列

（c）2022 早秋系列

图 6-51　范思哲不同年度的秋冬系列时装在面料运用上的变化

不同风格的面料具有不同的视觉表现力。在男装设计创作构思过程中，选用适合于表现造型设计的面辅料，对于整个设计作品来说，便有了事半功倍的效果。只有将适合的面料应用于适合的服装造型设计中才能使设计臻于完美。

（2）面料的种类。服装设计的常用面料主要有以下几种。

① 光泽型面料。这类面料有高雅、耀眼、丰满、活跃的感觉，如丝绸、锦缎、闪光缎以及各种涂层面料等（图6-52）。在男装设计中常用来制作礼服、舞台演出服，或者一些炫酷、休闲味较浓的男装，具有华丽夺目、闪耀光彩的强烈效果。光泽型面料的服装具有华丽的膨胀感，适宜设计修长、简洁的服装造型。

② 挺爽型面料。挺爽型面料手感硬挺，造型线条清晰而有体量感，能形成丰满的服装轮廓。这种面料的服装不仅挺括有型，还能给人以庄重、稳定的印象。如涤棉布、中厚型灯芯绒、亚麻布、各种中厚型的毛料和化纤织物，以及锦缎和塔夫绸等（图6-53）。使用挺爽型面料可设计出轮廓鲜明、造型挺括的服装，如西装、西裤、夹克衫等。

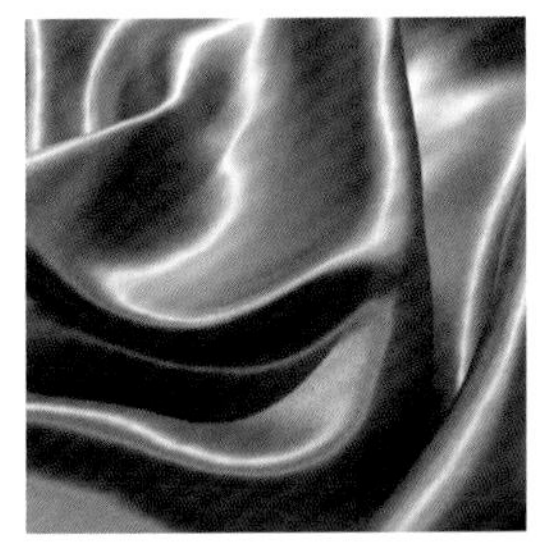

图6-52　光泽型面料

图6-53　挺爽型面料

③ 柔软型面料。这类面料一般较轻薄，悬垂感好，造型线条光滑流畅且贴体，服装轮廓自然舒展，能柔顺地显现衣着者的体型（图6-54）。如一些常见的针织面料和丝绸面料。这类面料适合于流畅、轻快、活泼线条的服装造型设计，裁剪方式常采用自然的结构，更多地以表现面料自然垂褶和体态结构为主。

④ 厚重型面料。这类面料质地厚实挺括，有一定的体积感和分量感，能产生浑厚稳定的造型效果。如粗花呢、大衣呢、一些中厚型皮革材料等厚重型面料。厚重型面料一般有形体扩张感，服装造型不宜过于合体贴身和细致精确，常用于男装外套设计中。

⑤ 绒毛型面料。是指表面起绒或有一定长度的细毛的服装材料，如灯芯绒、平绒、天鹅绒、丝绒，以及动物毛皮和人造毛织物等。这类面料有丝光感，显得柔和温暖，其绒毛层增加了厚度感和独特的塑形魅力（图6-55）。绒毛型面料因材料不同而质感各异，在造型能力、视觉风格上各有特点。

图6-54　柔软型面料

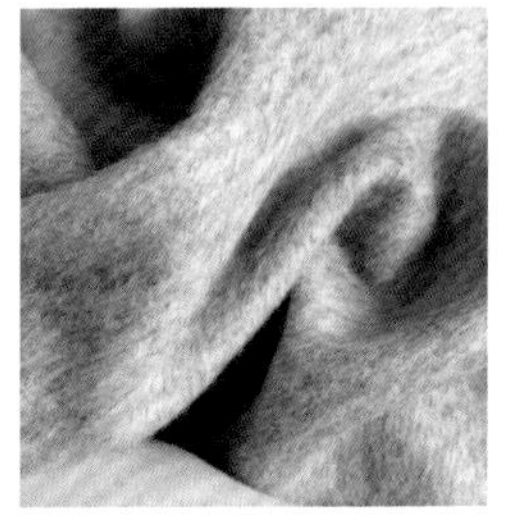

图6-55　绒毛型面料

⑥ 透明型面料。透明型面料质薄而通透，具有叠透效果，能不同程度地展露体形（图

6-56）。由于布料的重叠，会形成悬垂状态的褶相或碎褶，从而产生曲折变化的美感。常见的如乔其纱、蕾丝、生丝绡、棉质巴里纱等超薄型棉织物、混纺织物、化纤织物等。

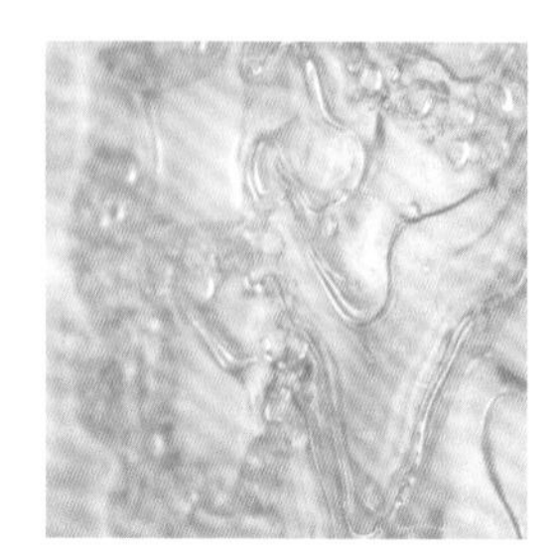

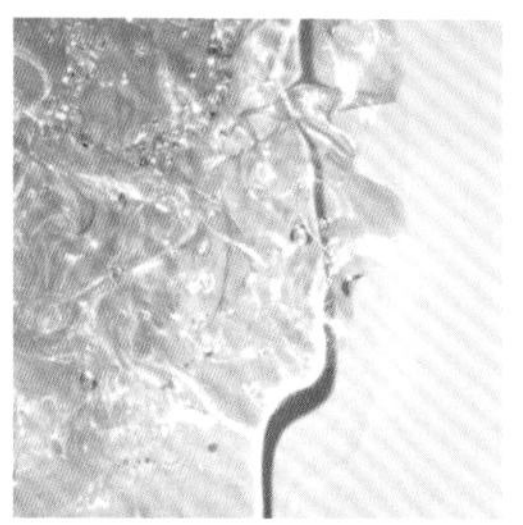

图 6-56　透明型面料

透明型面料的质感分为柔软飘逸和轻薄硬挺两种，造型设计时可根据需要采用柔、挺不同手感的面料来表达设计创作（图 6-57）。

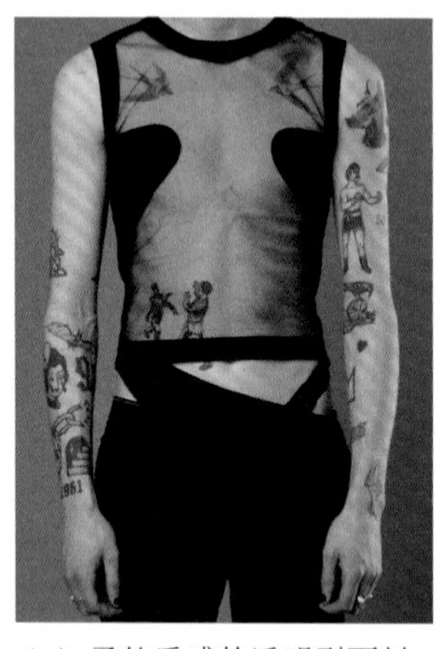

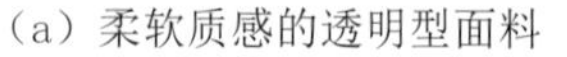

（a）柔软质感的透明型面料　（b）硬挺质感的透明型面料

图 6-57　透明型面料在服装设计中的应用

（3）面辅料配置。面料与辅料是系列化男装设计的基本要素。在系列化男装设计中，款式造型、细节设计、廓型变化、工艺制作都是以面辅料为基础的，是服装的物质基础。对于成衣设计来说，离开面辅料的服装设计只能是无米之炊，设计方案也只能停留在设计画稿或设计思维阶段，无法被具体化成为实物表达。

服装面辅料由于材料与花色、织造工艺等方面的不同，所呈现的肌理、厚薄、图案、悬垂度、光泽度、挺括感、手感以及整体风貌也大不相同，各种因素综合影响的面辅料本身便呈现出不同的风格特征，具有各自不同的属性语言（图 6-58）。

在一些高档服装制作中，除了精良的结构设计、裁剪设计、工艺设计外，性能优良的服装辅料，例如，特制黏合衬、毛衬、垫肩等也是服装塑形环节重要的辅助材料。同时，各种辅料的款式、风格、材料、性能、色彩等属性也是表达男装设计造型、款式风格的重要设计元素，影响着服装的整体形象。

图 6-58　服装面辅料的运用

2. 工艺设计

工艺设计是系列化男装设计中必不可少的重要环节，是由面料质地所决定的。为了表现服装空间和造型的独特风格，有时仅凭借款式和纸样设计无法解决一些造型细节，而精湛高超的工艺手段则会将面料特质表现充分，使不可能变为可能，它往往会成为一个品牌津津乐道的资本。如博柏利的堑壕外套历经了近百年的设计历史，就是对面料与工艺的不断创新。

四、系列搭配与局部调整

从服饰审美角度来说，服饰品整体搭配设计对着装效果有着很好的修正和促进作用，越来越受到设计师的重视。通常来说，领带、手表、腰带、包袋、钢笔、眼镜、手套等被称为配饰或服饰品。虽然它们并不是不可或缺的，但在系列化男装设计中却显得十分重要，适度的搭配和调整，能够给整体男装系列搭配锦上添花不少，同时也是男装品牌商业性促销的卖点（图 6-59）。

图 6-59　巧妙的服饰品搭配设计

服装设计师在进行系列搭配设计和调整时，需要根据男装产品的设计风格、设计理念进行关联搭配设计。牢牢把握系列服饰品的主体思想、款式造型、色彩图案、面料材质、工艺肌理使整体搭配形成呼应关系。运用服装设计和服饰品搭配设计形成整体合力，强化系列搭配的整体形象和搭配效果。

系列化搭配设计有许多方法，最常见的方法是在服饰品设计时从男装产品中提取具有代表性的特征、元素，进行分解再重组或者稍作变化运用到配饰设计当中。例如，围巾、帽子的花型

(a)帽子与外套的搭配

(b)围巾与外套的搭配

图 6-60　男装服饰品系列化搭配设计

及其色彩设计，可以和外套面料底纹、色彩设计风格进行关联设计，从而增强系列整体感，使得配饰在系列男装搭配中得以和谐融洽又不会过分强烈、张扬(图 6-60)。

若按照男士生活空间和工作环境的性质分类，可以将男士服装分为商务、休闲、社交三个主要类型。服装设计师在进行系列产品开发和搭配过程中，为了使得着装者的整体服饰形象更加符合所要出席的场所氛围，需要依据男装产品的主题风格定位进行服饰品的关联设计，确保服饰品可以恰如其分地点缀和修饰着装者形象。另外，在服饰品的设计风格、材料选择、色彩搭配等方面做到与服装产品的和谐统一。

在设计休闲风格的男装服饰品时，设计师需要考虑着装者经常出入的生活场所，考虑着装者年龄层次的消费审美倾向，尤其是年轻男性的休闲装有比较丰富的变化空间。例如，长衬衫与短外套、长 T 恤与短卫衣的多层次叠穿，T 恤与休闲西服的混搭、休闲西装与运动鞋的混搭等(图 6-61)。

同样的服装，因其穿着或搭配的方式不同，其外观效果也会大相径庭。而在设计商务风格的男装产品时，则需要把握商务男士经常出席场所的着装礼仪和风格。在服饰品搭配设计时，需要把握好商务男装内敛、稳重、含蓄的着装理念，色彩多为中对比或弱对比，配饰材质可选择较内敛的材质，例如，亚光材质的皮包等(图 6-62)。

图 6-61　长衬衫与短外套的多层次叠穿、背心与休闲西服的混搭

图 6-62　哑光材质的皮包在商务男装中的运用

除此之外，还有很多其他搭配组合参考维度，例如按照整体服装风格、按照品牌产品价格档次、按照服饰品在着装组合中的用途等主导参考因素来进行搭配组合。因此，在系列搭配设计中，合理把握服饰品之间的平衡关系、服装款式搭配之间的协调关系，便可以实现系列化男装产品的整体美。

第七章
男装设计案例分析

服装设计师、企业制版师、定制制版师等除了学习专业知识外，还需要多积累服装综合知识，同时需要熟悉国内外代表性男装品牌的风格、掌握服装面辅料的知识，以及掌握服装单品设计和系列化设计的方法。从事服装设计行业若没有绘画功底，画不出精彩的服装效果图会使人失去自信，但其实做一名优秀的服装设计师不一定要有多么出色的绘画功底，而是需要大量款式图的积累。

第一节　男装品牌设计案例分析

为了服装设计师能更直观地认识理解系列化设计并且能够在后期设计创作中更好地运用，下面以鳄鱼（LACOSTE）、雨果博斯（Hugo Boss）、拉夫·劳伦（Ralph Lauren）等国际男装品牌为例进行男装设计案例分析。

一、法国鳄鱼男装品牌设计案例分析

法国鳄鱼（LACOSTE）品牌创始于20世纪30年代，是轻松高雅的代名词，具有纯正的体育血统。如今该品牌象征一种舒适、优雅的生活态度，其独特的设计和高品质的产品覆盖了男装、女装和童装（图7-1）。

图7-1　鳄鱼品牌男装

法国鳄鱼品牌一直以来以精致的面料选择、多变的色彩搭配和变化丰富的款式，展现了青春活力和时尚一族的魅力。在款式上，该品牌推出风格多样的主题和系列，包括含有五个主题的俱乐部系列和运动休闲装系列，以及运动系列和中心系列，使鳄鱼品牌一直保持着新鲜活力。

1. 品牌诞生及其发展

法国鳄鱼品牌诞生源自一次戴维斯杯网球锦标赛。当时法国网球队队长阿兰·H. 穆尔（Allan H. Muhr）承诺如果瑞恩·拉克斯特（René Lacoste）能为球队赢下一场重要比赛，便送给他一只鳄鱼皮手提箱作为礼物。随后《波士顿晚报》报道了这段轶事，并在文中将拉克斯特亲切地称作“鳄鱼”。美国公众由此爱上这个昵称，因为它体现了拉克斯特在球场上如同鳄鱼般紧咬比分、顽强拼搏的坚韧品质。拉克斯特的朋友罗伯特·乔治（Robert George）则为他设

计了独一无二的鳄鱼标志，这条鳄鱼随后绣在了他的网球衫上，令法国鳄鱼品牌走向世界。

20 世纪 30 年代，拉克斯特为自己设计了一款采用轻薄透气的针织网眼面料制成的轻便舒适的短袖衬衫，从而取代了僵硬的传统长袖球衣。由于这款衬衫的吸汗效果特别好，非常适合在炎热的美国球场上穿着，掀起了一场男装革命。从而造就了如今为人们所熟知的法国鳄鱼经典 Polo 衫（图 7-2）。

（a）Polo 衫问世

（b）Polo 衫宣传海报

图 7-2　1933 年法国鳄鱼经典 Polo 衫问世及其宣传海拔

拉克斯特的创作灵感源自马球运动员所穿的服装，并在此基础上加上一个带纽扣的领子。首批缝制的网球衫仅供他个人在打球时使用。1933 年，拉克斯特与著名的针织面料制造商 André Gillier 合作，开始大规模生产缝有鳄鱼标志的翻领运动衫，法国鳄鱼的“L.12.12”Polo 衫就这样诞生了。L 代表 LACOSTE，1 代表小凸纹网眼面料，2 代表短袖款式（13.12 代表长袖款式），12 则代表这款未来主义 Polo 衫诞生之前所经历的打样次数。

在装配中，法国鳄鱼在商标、衣领标签、珍珠母纽扣等配件中运用多重手工工艺，制作精良考究，最终纱线缝合（图 7-3）。

（a）衣领标签

（b）商标

（c）珍珠母纽扣

图 7-3　法国鳄鱼的衣领标签、鳄鱼商标、珍珠母纽扣

法国鳄鱼的 Polo 衫系列产品通过适应新潮流的改进得到更多拓展，并引入新材料和设计（图 7-4），使得该系列保持多样性发展，但丝毫不影响法国鳄鱼“L.12.12”品牌勇敢典雅的精髓。

（a）Polo 衫加入当代潮流元素

（b）Polo 衫新潮款式设计

图 7-4　法国鳄鱼品牌经典 Polo 衫

2. 品牌设计案例分析

（1）2022 春夏巴黎男装发布。设计师路易斯·特罗特（Louise Trotter）考虑到运动队服“一致性”的特点跟日常穿

搭的随意性，在该系列中模糊了机能与美学二者的边界，化为春夏都会线条，将跨界概念自然融合成一体（图 7-5）。

图 7-6 所示的系列男装在对比鲜明的细节中加上科技感，使服装设计与运动之间便开始交融出了崭新的混搭类型，像是服装界微妙地对运动亚文化群体颔首示意。

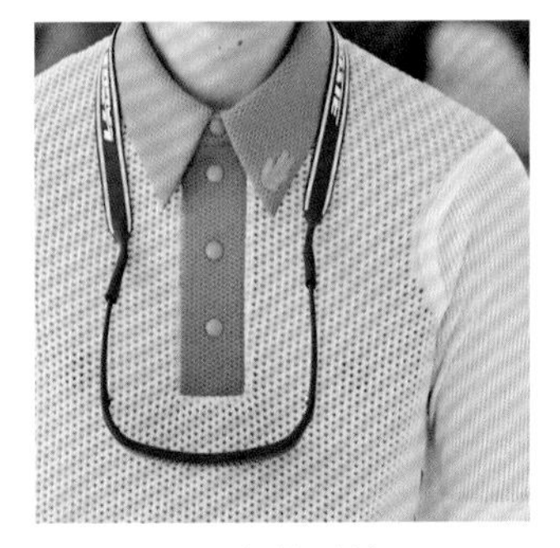

（a）机能面料

（b）机能鞋

图 7-5　法国鳄鱼将机能与美学二者概念自然融合的设计

（a）未来科技设计

（b）运动机能设计

图 7-6　服装设计与运动之间交融出崭新的混搭类型

在这个概念的启蒙下，短裤样式的西装概念从运动服的改造而来，百褶裙有了雾面粉彩，法国鳄鱼的 Polo 衫也开始出现了针织设计（图 7-7）。在无性别主义的风潮下，模特借由宽松自在的廓形，进行更加舒适的成衣展示。

（a）西装短裤

（b）针织设计

图 7-7　法国鳄鱼的针织设计以及对其他新材料的尝试

此次系列设计灵感源于创意总监路易斯 · 特罗特日常骑车出行的通勤习惯，整个系列呈现出运动感十足、活泼的轮廓，是从其他街头骑行者的穿搭中启迪迸发而来（图 7-8）。新的颜色改变了一般人对运动服饰的既定认知，相对于以往的经典绿、海军蓝、褐灰色、黑色、亮白色，此次系列设计强调了暖色系，从亮色的绯红、绿宝石色、酒红色、橘色，到柠檬黄，在街头更显得活力十足。

（a）绿宝石

（b）莱因蓝

（c）绯红

图 7-8　大胆色彩的运用改变了以往法国鳄鱼经典色系

材质上，针织设计优化了透气性，于是透气的内里被广泛延伸运用于本季自行车背心、运动短裤与篮球背心，而棒球外套的人体工学气孔则以手工激光切割制成。将传统面料转化为新型面料，如橡胶版的经典网球裙、纤细的氯丁橡胶抹胸、穿孔风衣。令人眼睛为之一亮的还有混织西装、时尚感十足的条纹上衣，以及融入装饰配件的法国鳄鱼代表性拼贴网球毛衣。除此以外，借由降落伞尼龙布料的柔软与亮面特质玩转出透视的戏法、接合着隐藏织法装饰的风衣外套，以及赋予速度感的斜口设计的拉链等（图 7-9）。

其配饰更为这一季的都会风格大幅增色，包括：运动拖鞋、及膝长袜、搭配有色大框太阳眼镜、安全带扣式的斜背邮差包、以弹力绳作为鞋带的镂空设计运动鞋、年轻气息浓厚的叠搭模块化电子表、粉色系登山钥匙圈、网球遮阳帽以及高科技合成橡胶材质鸭舌帽等。

（2）2020 春夏法国鳄鱼男装。路易斯·特罗特的 51 套法国鳄鱼春夏系列怀旧风时装在罗兰加洛斯新建的西门马修苑（Simonne Mathieu Court）走廊上亮相。本系列中，设计师采用了该品牌的“贵族街头风”特性，以及人们对法国鳄鱼 20 世纪款式的怀旧之情，赋予了本系列 20 世纪 80 年代的复古怀旧气息。

设计师通过大胆的复杂色调，结合细微的中性色调互相组合，大大加强了服装的设计张力。本系列中几乎没有限定性别的服装款式，超大尺寸的皮夹克有着宽大的袖口和罗纹设计，细节设计十分精致（图 7-10）。

（a）透视面料

（b）条纹元素

图 7-9 法国鳄鱼透视面料及条纹元素的运用

（a）夸张的色调

（b）复古皮夹克

图 7-10 法国鳄鱼复古怀旧风融合大胆夸张的色调

二、雨果博斯品牌男装设计案例分析

雨果博斯（Hugo Boss）是世界知名奢侈品牌，主营男女服装、香水、手表及其他配件。该品牌坚持上乘的设计、优质的材质和手工，并融入现代美感，呈现优雅情调与自我魅力。

1. 品牌的创立及发展

雨果博斯于 1923 年在德国麦琴根创建，风格是建立在欧洲的传统形象上，并带有浓浓的德国情调。其品牌的消费群定位是城市白领，具体又细分为以正装为主的黑牌系列（Black Label）、以休闲装为主的橙牌系列（Orange Label）和以户外运动服装为主的绿牌系列（Green Label）。成立之初，雨果博斯的产品仅限于男式工装、卫衣、雨衣、制服等。

到了雨果博斯家族的第三代，即20世纪60年代初，雨果博斯公司开始积极拓展国际业务并不断拓宽完善品牌线，逐渐成长为一个包括男装、女装、女衣、鞋履包袋、香水、眼镜配饰等的世界顶级时尚品牌。历经70多年风雨，雨果博斯品牌一直崇尚的理念为“为成功人士塑造专业形象”。

2. 品牌设计案例分析

（1）大胆尝试：2020～2021秋冬雨果博斯男装发布会。雨果博斯品牌2020～2021秋冬系列男装设计意图唤醒全新的当代美学，作品超时代的设计和制作工艺并贯穿前卫的休闲风格，编织皮革、飘逸的流苏以及印花的黏合面料增添深度与细节感。红色与珊瑚色点缀于秋日所青睐的棕色、奶油色、灰色和黑色之间，清新温柔的丁香紫也竞相出彩。多色相搭的系列服装设计，升华了前几季的单色系美学（图7-11）。

（a）棕色系

（b）奶油色系

（c）棕色系印花黏合面料

图7-11　雨果博斯单色系皮革及印花的黏合面料设计

（2）经典回顾：2015春夏雨果博斯男装系列。音乐为精致而不做作的雨果博斯男士着装法则带来了灵感。雨果博斯围绕当下酷炫的音乐潮流元素进行男装设计，推出了其2015春夏男装系列。从半衬里外套到复古修身夹克的设计，显示出设计师在高级定制与休闲成衣之间找到平衡（图7-12）。

图7-12　2015春夏雨果博斯男装系列中的皮衣与夹克

剪裁是雨果博斯品牌一直以来所擅长的，每一季都会推出完美剪裁的套装。新系列套装的特点在于其完美合身；夹克做工简洁精细，散发出身处闹市外的闲适之感，这种理念同样在新颖的造型中得以延续。简单的T恤为正统套装带来一分随意，天蓝与灰白的强烈对比也使得整体造型与众不同。细节之处亦无不为雨果博斯全新风格增添舒适之感，箱型上装搭配锥形九分裤。新系列的休闲优雅男装还包括双色短外套、校园风皮夹克、轻薄羊毛Polo衫（图7-13）。

（a）开衫外套

（b）V领毛衫

图7-13　雨果博斯优雅开衫短外套造型及V领毛衫设计

此外，千鸟格纹、人字纹和法式条纹的运用，也使得造型更加抢眼并充满活力，同时，2022 春夏系列还推出颇具创意的蜂窝纹针织 V 领毛衫。雨果博斯男装最鲜明的特点体现在对精致乐福鞋的喜爱。2022 春夏系列的乐福鞋采用小山羊皮，经过特殊处理而呈现出迷人古铜色。

三、拉夫·劳伦品牌男装设计案例分析

拉夫·劳伦（Ralph Lauren）是时装界具有浓郁美国气息的高品质时装品牌。款式高度风格化是拉夫·劳伦旗下的两个著名品牌拉夫·劳伦女装（Lauren Ralph Lauren）和拉尔夫·劳伦马球男装（Polo Ralph Lauren）的共同特点。

拉夫·劳伦的设计产品，无论是服装还是家具，无论是香水还是器皿，都迎合了顾客对上层社会完美生活的向往。或者正如拉夫·劳伦先生本人所说：“我设计的目的就是去实现人们心目中的美梦——可以想象到的最好现实。”

1. 品牌创立及其发展

拉夫·劳伦服装品牌来自美国，带有一股浓烈的美国气息，它成立于 1967 年，其精美的设计和优良的工艺受到公认，拥有 Polo Ralph Lauren，Double RL，Purple Label 和 Collection 等子品牌，涵盖男装、女装、童装、配饰、香水、家饰等多个品类（图 7-14）。如今该品牌已成为经典风格与品质生活的代表。

（a）箱包　（b）手表

图 7-14　拉夫·劳伦旗下箱包、手表等配饰

拉夫·劳伦的时装设计融合幻想、浪漫、创新和古典的灵感呈现，所有的细节架构在一种不被时间淘汰的价值观上。

拉夫·劳伦的主要消费阶层是中等或以上收入的消费者和社会名流，而舒适、好穿、价格适中的拉夫·劳伦的 Polo 衫无论在欧美还是亚洲，几乎已成为人人衣柜中必备的衣着款式。

2. 品牌设计风格

荒野的西部、旧时的电影、20 世纪 30 年代的棒球运动员以及旧时富豪都是拉夫·劳伦设计灵感的源泉。该品牌将朴素的谢克风格引用到时装设计领域方面着实功不可没。

通常，很多人都认得 Polo 而不知道 Polo 是拉夫·劳伦设计的第一系列的男装。当初，之所以以“Polo”作为男装设计的主题，是因为拉夫·劳伦认为，这种运动让人立刻联想到贵族

般的悠闲生活。

“我的设计目标就是要完成一个想象可及的真实，它必须是生活形态的一部分，而且随时光流转变得个人化。”拉夫·劳伦闲述他开疆辟土的创见，同时也透露设计的导向是一种融合幻想、浪漫、创新和古典的灵感呈现（图7-15）。

（a）西装外套

（b）西装大衣

图7-15　2022年拉夫·劳伦男装新品

对于拉夫·劳伦品牌来说，款式高度风格化是时装的必要基础。时装不应仅只穿一个季节，而应是无时间限制的永恒。Polo品牌系列时装，源自美国历史传统，却又贴近生活。

3. 品牌设计案例分析

2021～2022年春夏纽约拉夫·劳伦男装发布会及2022年拉夫·劳伦男装新品如图7-16所示。

（a）西装

（b）衬衫

图7-16　2021年春夏纽约拉夫·劳伦男装

第二节　系列男装设计案例

对于服装设计师而言，能最快积累服装系列化认知的方法是款式图的练习，款式图的实用性有时远远大于效果图。学习借鉴国际的品牌，可以提高服装审美品位。

在款式图的训练中我们在体会单件服装的设计细节的同时应注意总结系列化的特点，提炼系列化的元素，明确系列化的廓形，学习系列化不同服类如何延续它的连贯性。男装品牌的高级时装走秀具有一定的完整性，其中有制服、西服、休闲装、运动装等一系列的服装。下面从男装秀场分析和实际应用两方面来讲解男装系列设计案例。

一、男装西服系列设计案例

西装系列设计往往给人以误解，似乎这个过于传统的服装类型没有太多的设计空间。很多设计师习惯于天马行空地展示概念，却对西装的本质要素视而不见而难于进入消费市场。其实，只要掌握一定的要领，了解其中的变化规律，就可以建立起一个有效的职业装设计系统（图 7-17）。

（a）单排扣门襟

（b）双排扣门襟

图 7-17　男装西服的不同门襟：单排扣门襟、双排扣门襟

1. 西服系统

塔士多礼服、董事套装、黑色套装、西服套装、运动西装、夹克西装的款式特征和纸样结构属于同类型，它们统称为“西服系统”，在系列设计中一并给予考虑（图 7-18~ 图 7-21）。

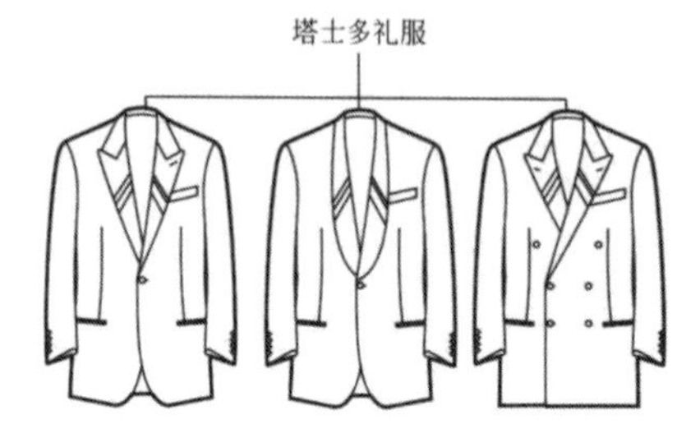

图 7-18　礼服（从左至右依次为英国版、美国版、法国版）

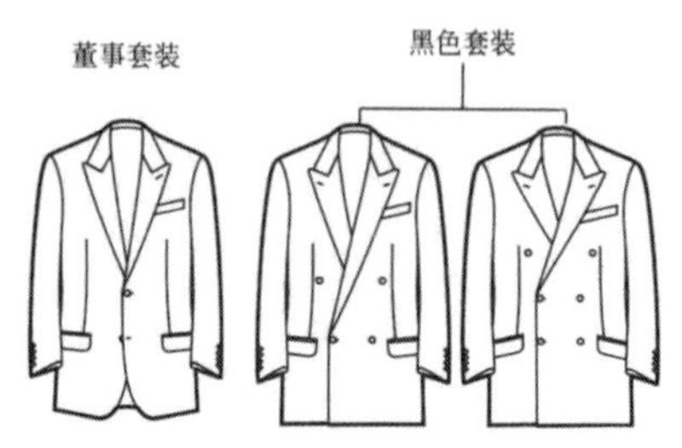

图 7-19　套装（从左至右依次为董事套装、黑色套装现代版、黑色套装传统版）

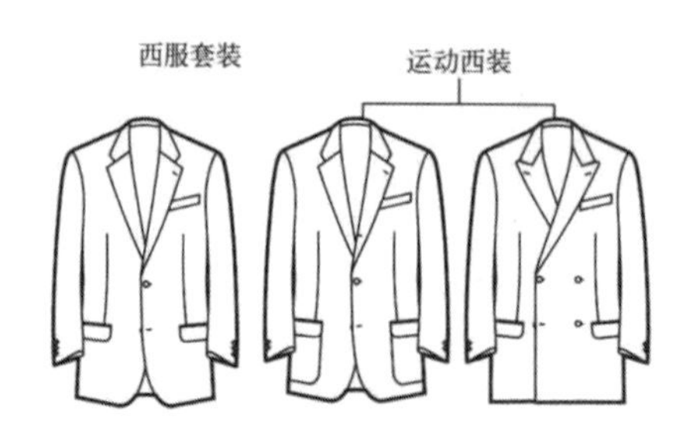

图 7-20　西服套装和运动西装（从左至右依次为西服套装、运动西装标准版、运动西装水手版）

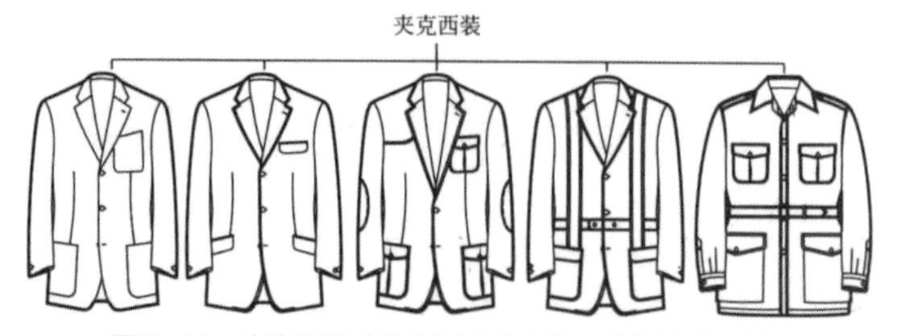

图 7-21　夹克西装（从左至右依次为标准版夹克西装、竞技夹克西装、猎装夹克西装、诺夫克夹克西装、森林夹克西装）

2. 西装构成元素

选择最常用的西服套装作为"西服系统"系列设计的基本款即标准款式。西服套装的标准款式分解其元素为①平驳领；②单排两粒扣门襟；③圆下摆；④双开线有袋盖口袋；⑤左胸有手巾袋；⑥三粒袖扣；⑦后侧开衩（图 7-22）。

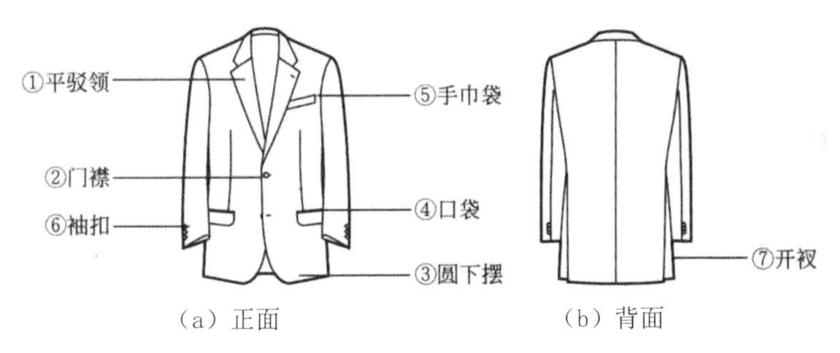

（a）正面　（b）背面

图 7-22　西服套装标准款式

3. 系列西服款式设计

无论是哪种类型的西服，设计都要从版型上着手，要点应集中在西服的驳头和下摆处，还要从西服的风格和穿着场合进行推敲。在西服的基本形制的基础上，部件则常有变化，如驳头的长短、翻驳领的宽窄、肩部的平跷、纽数、袋形、开衩和装饰等，而面料、色彩和花型等则随流行而变化。

西服的做工分精做和简做两种：前者采用的面料和做工考究，为前夹后单或全夹里，用黑炭衬或马棕衬作全胸衬；后者则采用普通的面料和简洁的做工，以单为主，不用全胸衬，只用挂面衬或一层黏合衬，也有采用半夹里或仅有托肩。其款式也随着时间的变化而有所变化。如 20 世纪 40 年代，男装西服的特点是宽腰小下摆，肩部略平宽，胸部饱满，领子翻出偏大，袖口、裤脚较小，较明显地夸张男性挺拔的线条美和阳刚之气（图 7-23）。到了 50 年代前中期，男装西服趋向自然洒脱，但变化不很明显。

图 7-23　20 世纪 40 年代男装西服特点

根据单元素设计方法，可以在全部元素中选择最具表现力和发展潜力的 1 ~ 2 个元素，如门襟、领型、口袋等来进行男装西服系列款式设计。

（1）门襟和袖扣的变化。袖扣从四粒至一粒、门襟扣从一粒至三粒展开设计，这样设计并非异想天开，而是有理可依、有据可循的。根据第三章介绍的 TPO 设计原则，相邻级别的元素之间能够互用，这组系列实际上是塔士多礼服的一粒扣门襟和四粒袖扣、运动西装和夹克西装的三粒扣门襟以及一、二粒袖扣样式在西服套装设计中的应用。同时，这也启示我们，在西服套装中选择谁的因素越纯粹、越多，其性格倾向越偏向谁，如图 7-24（a）偏向礼服；（d）则偏向休闲西装。

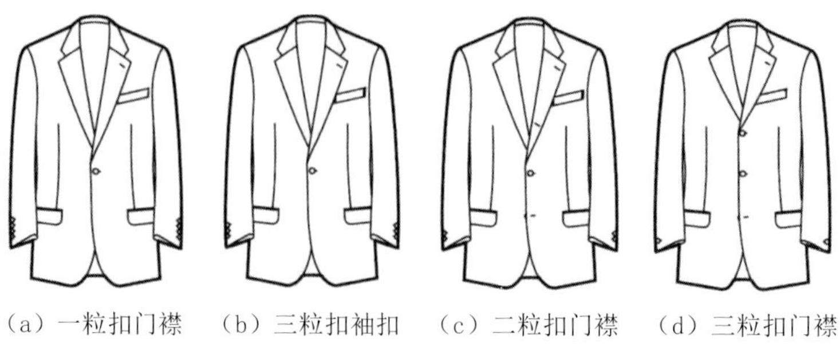

（a）一粒扣门襟　（b）三粒扣袖扣　（c）二粒扣门襟　（d）三粒扣门襟

图 7-24　西服套装系列门襟、袖扣元素的系列变化

（2）单元素的领型系列设计。通过改变驳领串口线分别设计成扛领、垂领，改变驳领宽度得到宽驳领和窄驳领，还有比较概念的锐角领和折角领（半戗驳领）。若上述各变化因素再进行排列组合，设计会更加细腻耐看，如用扛领加窄驳领加折角领等，这时则要视流行而定。根据造型规律扛领通常伴随着高驳点；垂领伴随着低驳点，这时门襟的跟进设计会使这组系列更加完美（图 7-25）。

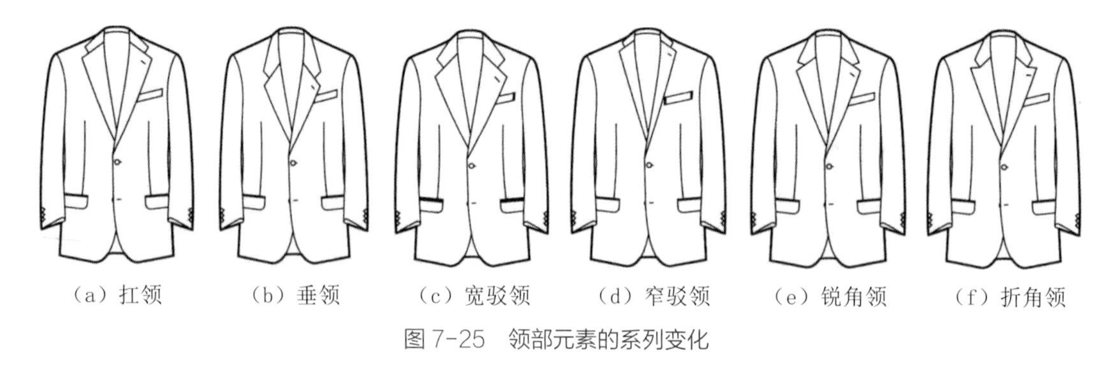

（a）扛领　（b）垂领　（c）宽驳领　（d）窄驳领　（e）锐角领　（f）折角领

图 7-25　领部元素的系列变化

（3）口袋单元素的系列变化。可以加入小钱袋设计，也可以是双开线口袋（一般不加小钱袋）或竞技夹克的斜口袋（可加小钱袋）。值得注意的是，不同口袋样式的使用都有社交学上的暗示，不能随心所欲。如加小钱袋只能在右襟大袋上，有崇尚英国九格的暗示；采用双开线口袋，因来源于塔士多礼服有升级的提示；采用斜口袋因取自竞技夹克西装，故有降级的提示（图 7-26）。

（a）小钱袋元素设计　（b）双开线口袋设计　（c）斜口袋元素设计

图 7-26　口袋单元素的系列变化

（4）选择两个元素的组合系列设计。原则上两个元素无需内在联系，如同时改变领型和口袋的款式系列，此时的款式变化比单纯的单元素设计丰富，个性特征也会凸显（图 7-27）。

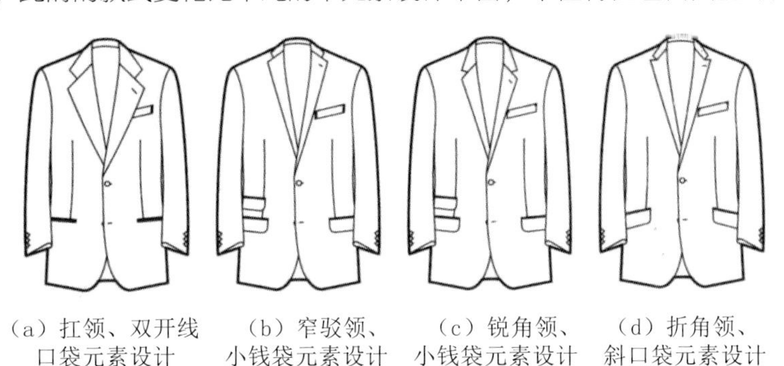

（a）扛领、双开线口袋元素设计　（b）窄驳领、小钱袋元素设计　（c）锐角领、小钱袋元素设计　（d）折角领、斜口袋元素设计

图 7-27　西服套装系列：综合元素系列

（5）综合元素的系列设计。综合元素的系列设计是将两个以上元素进行排列组合的系列设计，这是走向高级和成熟设计的有效训练。重要的是虽然各元素之间没有制约的因果关系，但元素之间的协调是必需的，因为西服套装的主题是确定的（图 7-28）。

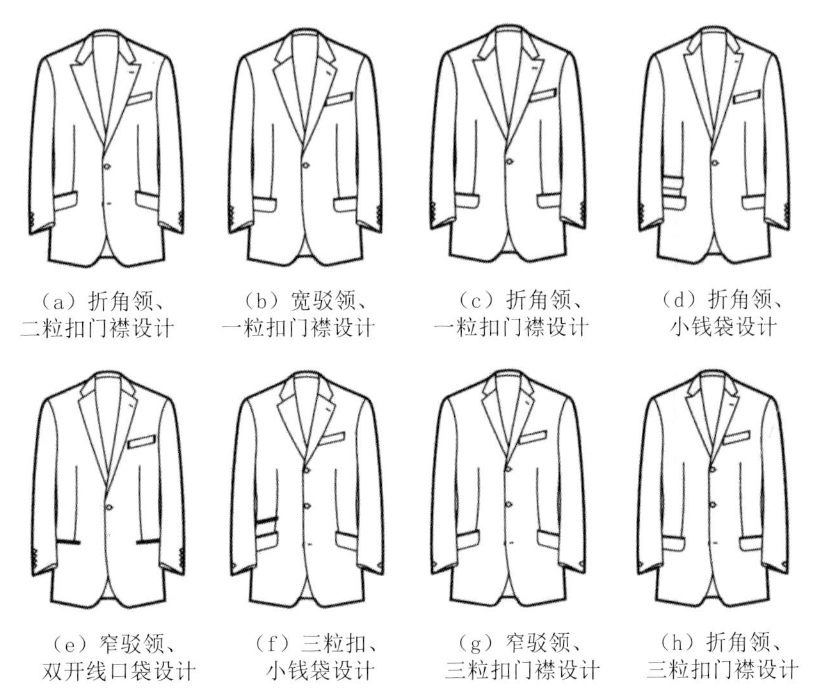

（a）折角领、二粒扣门襟设计　（b）宽驳领、一粒扣门襟设计　（c）折角领、一粒扣门襟设计　（d）折角领、小钱袋设计

（e）窄驳领、双开线口袋设计　（f）三粒扣、小钱袋设计　（g）窄驳领、三粒扣门襟设计　（h）折角领、三粒扣门襟设计

图 7-28　综合元素的系列变化

西服套装的款式变化虽小，但变化规律明显，我们可以将上述西服套装款式系列设计视为一个坐标，对整个“西装系统”具有示范意义。这个系统有严格的级别界限，西服套装处在它们的中间位置，级别越高如塔士多礼服，限制越多、变化越少、程式化越明显；级别越低，限制越少、变化空间越大如夹克西服。

4. 男装西服系列色彩设计

西服具有严谨的结构和特有的设计规则，它的配色很讲究，尤其是在人穿西装时V形领口区的配色，即衬衫、领带、西服三者的配色。配色是否优美恰当，是否讲究艺术性等，直接关系到西服的整体穿着效果。

当前，无论是国内还是国外的男子普遍喜欢条、格、点等元素花型装饰。领带有花型，衬衫有花型，西装也有花型，这是当今时代男子追求表现自我意识，突出个性美，打破传统单调的服饰的一种表现。但是，多种服饰花型组合不如单色选配那样简单，因为花型虽然是简单的条、格、点三种，但它们是有颜色的，所以组合时要综合考虑颜色、花型等的搭配。通常来说，最容易选配的是“两花一素”，即西装和领带为花型、衬衫为素色的服饰。这种选配方法里外对应，使整体着装搭配趋于协调（图7-29）。

（a）对比色搭配

（b）协调色搭配

图7-29　衬衫、领带、西服三者的配色美学表达

例如，暗条深藏蓝色的西服套装，里面穿白色大尖领衬衫，系上紫红色与藏蓝色斜条领带，十分优雅大方。假设三件服饰都有条状花型就容易给人一种杂乱的印象。领带、衬衫、西服三者皆是花型的选配难度是极大的，要注意以一种花型为主，其他为衬托和辅助花型。服装色彩是服装感观的第一印象，它有极强的吸引力，若想让其在着装上得到淋漓尽致的发挥，必须充分了解色彩的特性。浅色调和艳丽的色彩有前进感和扩张感；深色调和灰暗的色彩有后退感和收缩感。总的来说，服装的色彩搭配分为两大类：一类是对比色搭配；另外一类是协调色搭配。

（1）对比色搭配

① 强烈色配合。指两个相隔较远的颜色相配，如黄色与紫色，红色与青绿色，这种配色比较强烈（图7-30）。日常生活中，我们常看到的是黑、白、灰与其他颜色的搭配。黑、白、灰为无色系，所以无论它们与哪种颜色搭配，都不会出现大的问题。

一般来说，如果同一个色与白色搭配时，会显得明亮；与黑色搭配时就显得昏暗。因此，在进行服饰色彩搭配时应先衡量是为了突出哪个部分的衣饰，不要把沉着的色彩如深褐色、深紫色与黑色搭配，这样会和黑色呈现“抢色”的后果，令整套服装没有重点，而且服装的整体表现也会显得很沉重、昏暗无色。黑色与黄色是最亮眼的搭配；红色和黑色的搭配，非常之隆重，但是却不失韵味。

② 补色配合。指两个相对的颜色的配合，如红与绿、青与橙、黑与白等。补色相配能形成鲜明的对比，有时会收到较好的效果。黑白搭配是永远的经典。

（a）黑与白对比　（b）黄与绿对比　（c）黄与蓝对比

图 7-30　对比色搭配在男装西服系列设计中的运用

（2）协调色搭配

① 同类色搭配。指深浅、明暗不同的两种同一类颜色相配，比如青配天蓝、墨绿配浅绿、咖啡配米色、深红配浅红等。同类色配合的服装会显得柔和文雅（图 7-31）。

（a）蓝色系搭配　（b）绿色系搭配　（c）粉色系搭配

图 7-31　同类色搭配在男装西服系列设计中的运用

② 近似色搭配。指两个比较接近的颜色相配，如红色与橙红或紫红相配，黄色与草绿色或橙黄色相配等（图 7-32）。不是每个人穿绿色都能穿得好看，绿色和嫩黄的搭配，给人一种很春天的感觉，整体感觉非常素雅。

③ 职业男装的色彩搭配。职业男性穿着职业男装活动的场所是办公室，低纯度可使人专心致志，平心静气地处理各种问题，营造沉静的气氛。职业男装穿着的环境多在室内、有限的空间里，人们总希望获得更多的私人空间，穿着低纯度色彩的服装会增加人与人之间的距离，减少拥挤感。

纯度低的颜色更容易与其他颜色相互协调，这使得人与人之间增加了和谐亲切之感，从而有助于形成协同合作的格局。另外，可以利用低纯度色彩易于搭配的特点，将有限的衣物搭配出丰富的组合。同时，低纯度给人以谦逊、宽容、成熟感，借用这种色彩语言，职业男性更易受到他人的重视和信赖。

（3）配色原则

① 白色的搭配原则。白色可与任何颜色搭配，但要搭配得巧妙，也需费一番心思（图 7-33）。白色下装搭配条纹的淡黄色上衣，是柔和色的最佳组合；下身着象牙白长裤，上身穿淡紫色西装，配以纯白色衬衣，不失为一种成功的配色，可充分显示自我个性；象牙白长裤与淡色休闲衫配穿，也是一种成功的组合。经典的黑白搭配，对各种身材和肤色的男性具有很强的包容性。在进行黑白色两色搭配设计时，要避免头重脚轻，一般推荐尝试上白下黑的搭配方式，或者外套加内搭的叠穿方式。

图 7-32　近似色搭配在男装系列设计中的运用

② 蓝色的搭配原则。在所有颜色中，蓝色服装最容易与其他颜色搭配（图 7-34）。不管是近似于黑色的蓝色，还是深蓝色都比较容易搭配。而且，蓝色具有紧缩身材的效果，极富魅力。近似黑色的蓝色合体外套，配白衬衣，再系上领结，出席一些正式场合，会使人显得庄重。蓝色外套配灰色，是一种略带保守的组合，但这种组合再配以葡萄酒色衬衫和花格袜，显露出一种自我个性，从而变得明快起来。蓝色与淡紫色搭配，给人一种微妙的感觉。

（a）上白下黑搭配

（b）白色大衣叠加黑色内搭

图 7-33　黑白设计在男装系列搭配中的美学比例

（a）蓝白搭配方案

（b）蓝黑搭配方案

图 7-34　蓝色在男装系列搭配设计中的运用

③ 棕色搭配原则。棕色给人冷静低调、成熟内敛的感受。棕色与黑色搭配使人感觉严肃、庄重、权威的感受；棕色搭配绿色系，尤其墨绿色搭配深棕色，会产生一种低调奢华的视觉感受；棕色搭配白色服饰，简约干净、色彩明亮，富有青春气息（图 7-35）。

④ 黑色的搭配原则。黑色是一种百搭的色彩，最经典的搭配方案是黑白色搭配，这两种极端的色彩产生对比，却呈现出恰到好处的美学感受，黑白配色面积的占比大小，也会呈现出不同

的风格。一般来说，黑色占比较大的搭配方式会凸显男性稳重，而白色占比较大则显得单纯活泼，适合年轻男性；黑色和咖色系搭配，可以减少黑色产生的厚重感，使男性看上去更加温柔绅士；黑色与亮色系搭配则给人阳光活泼的视觉感受（图 7-36、图 7-37）。

图 7-35　棕色与白色搭配

⑤ 米色搭配原则。当代时尚中，米色因其简约与富于知性美而成为职场着装的常青色（图 7-38）。与白色相比，米色多了几分暖意与典雅，不过于夸张；与黑色相比，米色纯洁柔和，不过于凝重。在追求简单、抛却繁复的时尚潮流中，米色以其纯净典雅的气息与严谨的现代职场氛围相吻合。要将任何一种颜色穿出最佳效果，都要讲究搭配，米色也不例外。

图 7-36　黑色与亮色搭配

图 7-37　黑色与橙色搭配

（a）米色与蓝色的搭配　（b）米色与白色的搭配

图 7-38　米色在男装系列设计中的运用

5. 男装西服系列面辅料搭配设计

男装西服系列面辅料设计决定了西服品质的优劣，主要是由其内部的结构和材质所决定的。尽管流行时尚在不断地变化，但每款西服仍然是靠使用衬布来构筑它的“骨架”和“脊梁”，借助面料与衬布之间的良好配伍，来塑造西服优美的外部形态。简洁、整齐是上班衣着的第一要旨，这一点对男人来说尤其重要，没有一个人会愿意和一个衣着邋遢的男人打交道。此外，衣服的质地对男人同样重要，一套质地优良的西服与一套质地低劣的西服的分别是很明显的。

（1）纯羊毛面料

① 纯羊毛精纺面料。大多质地较薄，呢面光滑，纹路清晰；光泽自然柔和，有膘光；身骨挺括，手感柔软而弹性丰富；紧握呢料后松开，基本无皱折，即使有轻微折痕也可在很短时间内消失（图 7-39）。

② 纯羊毛粗纺面料。大多质地厚实，呢面丰满，色光柔和而膘光足；呢面和绒面类不露纹底；纹面类织纹清晰而丰富；手感温和，挺括而富有弹性（图 7-40）。

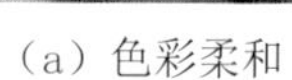
（a）色彩柔和

（b）呢面光滑

图 7-39　羊毛精纺面料

图 7-40　羊毛粗纺面料

（2）羊毛混纺面料

① 羊毛与涤纶混纺面料。阳光下表面有闪光点，缺乏纯羊毛面料柔和的柔润感。毛涤（涤毛）面料挺括但有板硬感，并随涤纶含量的增加而明显突出。弹性较纯毛面料好，但手感不及纯毛和毛腈混纺面料。紧握呢料后松开，几乎无折痕（图 7-41）。

② 羊毛与粘胶混纺面料。光泽较暗淡。精纺类手感较疲软，粗纺类则手感松散。这类面料的弹性和挺括感不及纯羊毛和毛涤、毛月青混纺面料。若粘胶含量较高，面料容易皱折（图 7-42）。

（a）色彩丰富

（b）抗皱性

图 7-41　含有涤纶的羊毛混纺面料

（a）光泽暗淡

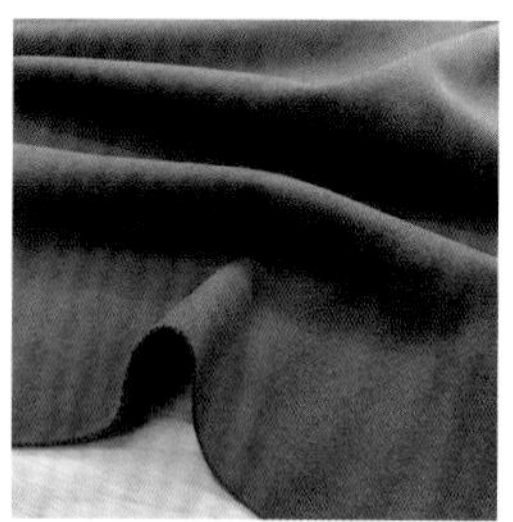
（b）软糯松散

图 7-42　羊毛黏胶混纺面料

（3）纯化纤仿毛面料。传统以粘胶、人造毛纤维为原料的仿毛面料，光泽暗淡，手感疲软，缺乏挺括感。由于弹性较差，极易出现皱折，且不易消退。从面料中抽出的纱线湿水后的强度比干态时有明显下降，这是鉴别粘胶类面料的有效方法。此外，这类仿毛面料浸湿后发硬变厚。随着科学技术的进步，仿毛产品在色泽、手感、耐用性方面也有了很大的进步。高科技纺织产品的不断推陈出新，将我们的世界装点得更加绚丽多彩。

由此看来，一套好的西服应是款式符合时代、面辅料挺括、做工考究精细的完美组合。首先，从外观看，给人一种舒展、柔软、立体感强的效果。其次，用手触摸，柔软、滑润，有一定张力。再次，穿着舒适，没有禁锢感，悬垂性好，没有多余的褶皱。最后，领面平整、驳头对称伏贴、肩袖接缝舒展自然、前身后背挺括平伏等。

二、男装休闲系列时装设计案例

1. 男装休闲外套

男士休闲装的造型元素相当稳定，以男装休闲外套为例，其设计方法一般采用其基本元素进行重构。按照礼仪级别划分，男装外套分为礼服外套、常服外套（图 7-43）和休闲外套（图 7-44），并形成相对稳定的经典款式。外套设计中面料和色彩的作用举足轻重。经典外套在 20 世纪初定型下来基本都和面料有关，如华达呢与巴尔玛肯，礼服呢与柴斯特，厚呢与波鲁，麦尔登和苏格兰，复合呢与达夫尔等。因此，只考虑款式的改变要有所顾及，如从中性外套巴尔玛肯入手是明智的。

（a）阿尔斯特外套 （b）波鲁外套 （c）巴尔玛肯外套 （d）堑壕外套 （e）泰利肯外套

图 7-43 常服外套

（a）乐登外套 （b）斯里卡尔外套 （c）达夫尔外套 （d）哈德森外套

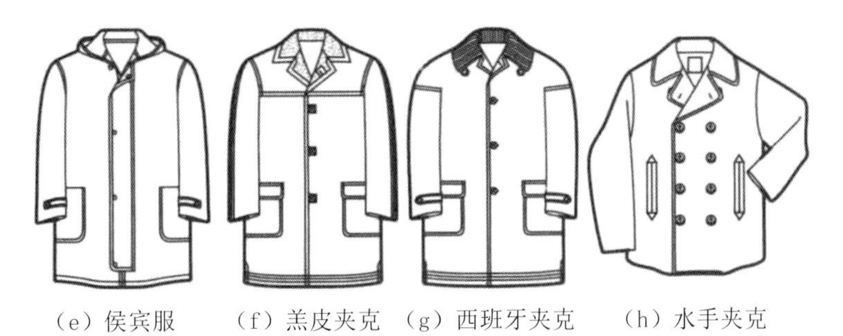

（e）侯宾服 （f）羔皮夹克 （g）西班牙夹克 （h）水手夹克

图 7-44 休闲外套

休闲外套的构成元素经过历史的积淀已经非常完备了，由于备受绅士们的重视，它的造型语言经典而考究。因此，休闲外套款式系列设计没有轻易放弃其固有的语言元素，而是采用元素相互借鉴设计法即不同外套的元素打散重新组合搭配、交互使用，在交换重组中赋予元素新的概念和形式语言。

但是以创造新的元素去颠覆传统的行为是不可取且徒劳的，特别是作为市场化男装品牌开发。外套的款式设计尤为强调级别的秩序性，承上启下应用元素，如果“越级”使用元素，需要慎重考虑它的可行性，否则会造成设计秩序和礼仪级别的混乱。

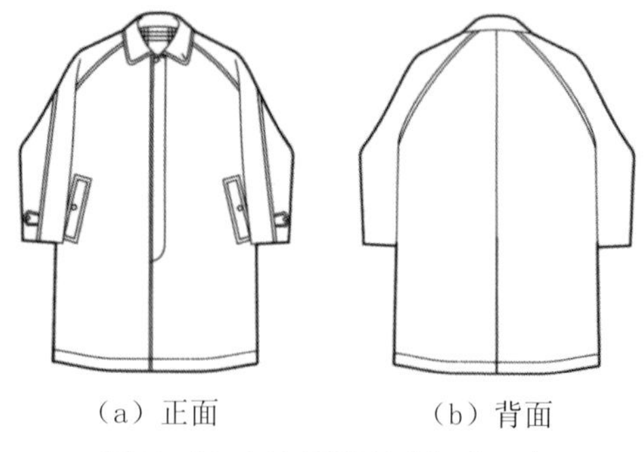
（a）正面　（b）背面

图 7-45　巴尔玛肯外套标准元素

2. 外套系列设计

下面以巴尔玛肯外套为例对外套款式系列设计深入分析。巴尔玛肯外套是准绅士们使用概率最高的常服外套，又称万能外套、雨衣外套等。最早作为雨衣使用，因源于英国的巴尔玛肯地区而得名。其款式特征为巴尔玛肯领（可开关领）、暗门襟、斜插袋、插肩袖等（图 7-45），这一切都是因防雨的功能而设计。从外套的礼仪级别分布情况看，巴尔玛肯外套上一级与波鲁外套相邻，下一级与堑壕外套、泰利肯外套相近。根据“相邻元素互通容易”的原则，运用上一级相邻的波鲁外套元素尚可，但再向上一级使用柴斯特外套的礼服元素时会受礼仪规则限制。根据“上一级元素向下一级流动容易”的原则，向下级看，与巴尔玛肯外套邻近的几款外套的元素均可使用，不受限制。

（1）连身袖经典造型设计。根据这样的思路，以袖子设计为例，在巴尔玛肯外套和波鲁外套之间就自然出现了插肩袖、包袖和它们中间状态的前装后插的袖子系列设计（图 7-46）。

（2）加入波鲁外套元素。巴尔玛肯外套款式系列的深化设计是保持巴尔玛肯领不变，分别加入波鲁外套的标志性元素：包袖、贴口袋、袖克夫以及双排扣，形成三款具有波鲁外套元素的巴尔玛肯外套。鉴于造型的要求，这个系列必须考虑面料问题，贴口袋、克夫的设计都不宜用防雨材质，而最好采用波鲁外套常用的羊毛面料制作会产生融合的感觉，否则会导致设计感的缺位（图 7-47）。

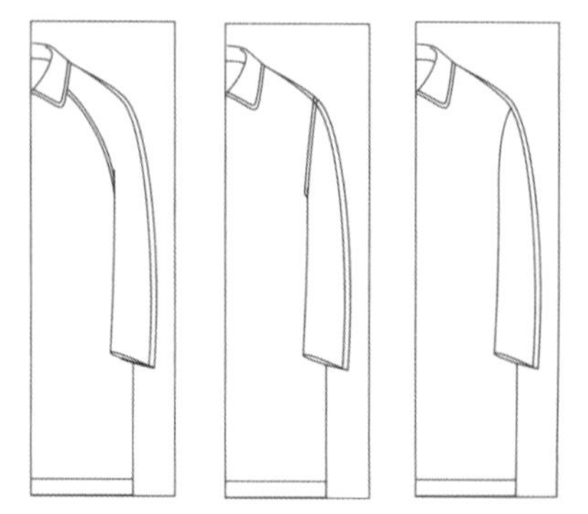
（a）插肩袖　（b）包袖　（c）前装后插袖

图 7-46　插肩袖、包袖、前装后插袖的连身袖系列三个经典造型设计

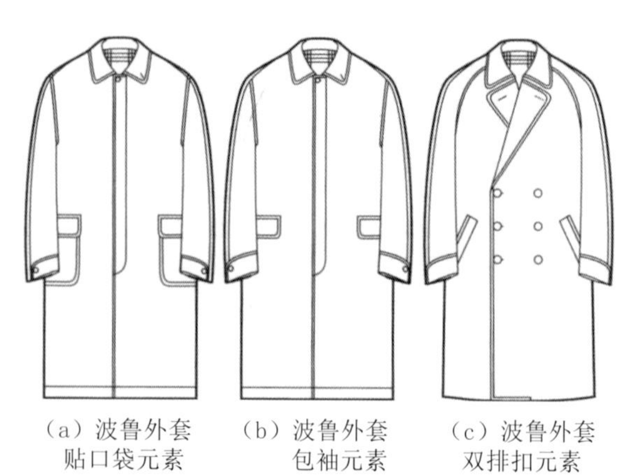
（a）波鲁外套贴口袋元素　（b）波鲁外套包袖元素　（c）波鲁外套双排扣元素

图 7-47　具有波鲁外套元素的巴尔玛肯外套款式系列

（3）加入泰利肯外套元素。在此基础上加入泰利肯外套元素保持巴尔玛肯领标志性语言不变，会使巴尔玛肯外套款式系列丰富起来。图 7-48（a）使用不对称双排扣暗门襟，同时袖子变成前装后插袖的袖型；图 7-48（b）在前款的基础上加入腰带设计；图 7-48（c）使用泰利肯外套的克夫设计；图 7-48（d）（e）变为明门襟的概念，区别主要在袖型上。

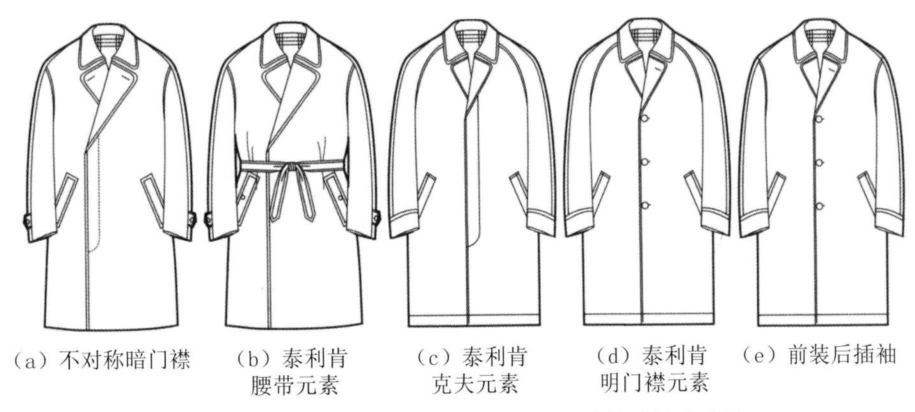

图 7-48　加入泰利肯外套元素的巴尔玛肯外套款式系列

（4）加入乐登外套元素。加入乐登外套元素，分别在袖襟、明门襟和下摆上做三缝绗缝的细微变化，不过这需要在中厚的粗呢料中实现（图 7-49）。

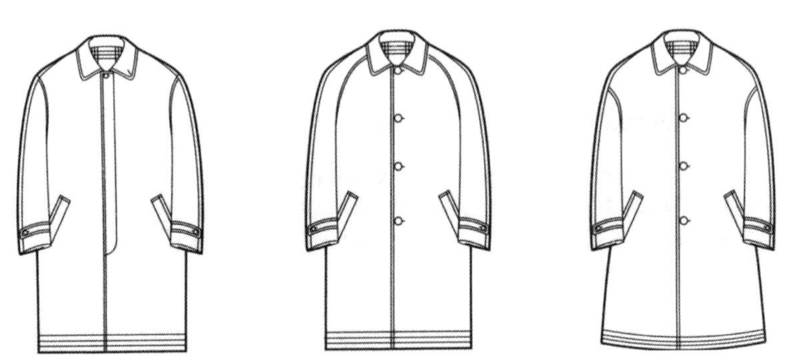

图 7-49　加入乐登外套元素（绗缝）的巴尔玛肯外套款式系列

（5）加入斯里卡尔外套元素。加入斯里卡尔雨衣外套元素，通过袖型、口袋元素排列组合，再加入立领、明门襟和袖襟的新元素完成系列设计（图 7-50）。

（6）加入堑壕外套元素。巴尔玛肯外套加入堑壕外套的元素是最合乎逻辑的，因为历史上堑壕外套就是在巴尔玛肯外套的基础上演变而来并成为新的经典。堑壕外套可用的元素很多，常常成为风衣外套系列设计用之不竭的元素。通常情况下每次只使用 1 ~ 2 个元素进行变化。图 7-51（a）加入堑壕外套腰带和袖襟元素；图 7-51（b）变换堑壕外套口袋和袖袢元素；图 7-51（c）将巴尔玛袖袢换成堑壕外套袖袢元素；图 7-51（d）（e）继续加入腰带，并采用拿破仑领双排扣设计产生更加混合型的概念。

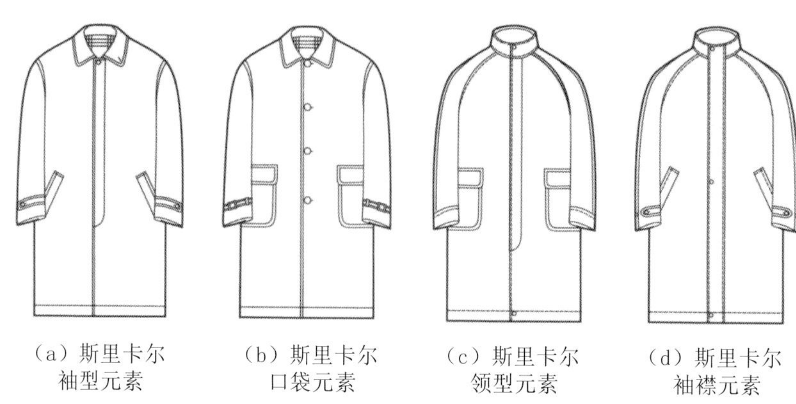

（a）斯里卡尔袖型元素　（b）斯里卡尔口袋元素　（c）斯里卡尔领型元素　（d）斯里卡尔袖襟元素

图 7-50　加入斯里卡尔外套元素的巴尔玛肯外套款式系列

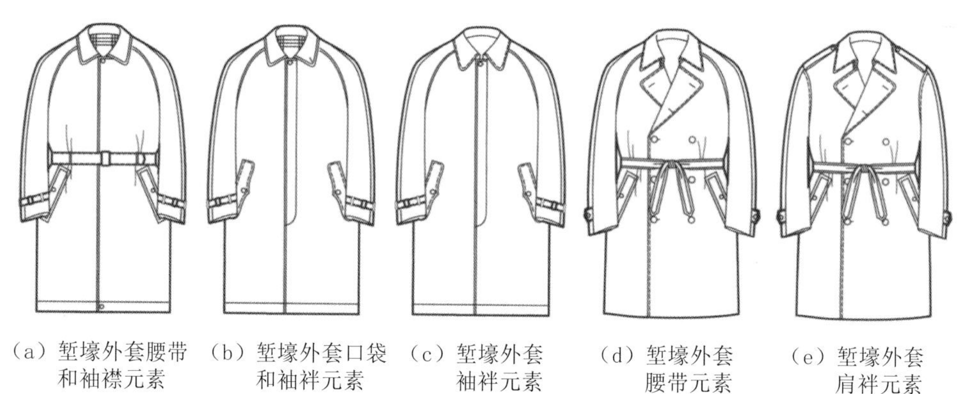

（a）堑壕外套腰带和袖襟元素　（b）堑壕外套口袋和袖袢元素　（c）堑壕外套袖袢元素　（d）堑壕外套腰带元素　（e）堑壕外套肩袢元素

图 7-51　加入堑壕外套元素的巴尔玛肯外套款式系列

巴尔玛肯外套和堑壕外套经常使用元素相互借鉴设计法展开设计，将各自系列分别融入对方的元素，任何一个细节点如领襟、袖襟、口袋等都可作为互换元素，因此它们的概念往往很模糊，但不能胡乱混用，需要慎重考虑元素与款式整体风貌的统一（图 7-52、图 7-53）。

（a）巴尔玛肯袖袢元素的应用

（b）堑壕外套领型元素的应用

图 7-52　在男装休闲外套中融入中性化元素设计

图 7-53　袖子可拆卸组合应用的男装休闲外套

三、男装制服系列设计案例

制服是有规定样式的服装，指一群相同团体的人所穿着的服装。有些职业的制服有约定成俗的统一样式，用以辨识从事各个职业或不同团体的成员，也称团体制服，顾名思义，是指团体统一着装，含有强制、制约、统一之意。制服是学校、公司、企业、政府部门、社会团体等的成员所穿着的统一制式服装。

一般来说，不同团体的制服有所不同，而同一团体内对不同性别或等级的人的制服可能也会不同。有些团体有硬性规定的制服，在正式工作、学习或集体活动中，必须穿着；有些则是软规定，没有硬性规定制服的团体也可能有服装规范的存在。

常见穿制服的有学生、军人、警察、消防员、护士、运动员等，部分企业也要求员工穿统一的服装，甚至有些学校不仅要求学生穿制服，连老师也要穿制服。各式各样的制服也可能在各类动漫作品中出现，其中，学校制服几乎是日本动漫中最常出现的一类制服。此外，依据季节的变化，所属单位也会有对应的季节制服。以下列举一些笔者参与的男装制服系列设计案例，供读者参考（图 7-54 ~ 图 7-56）。

图 7-54　男装制服系列设计 1

社会经济的发展，加剧了市场竞争，企业形象系统 CI 愈来愈受到人们的重视。制服作为企业形象中重要识别因素，能够传达出社团、企业的种种信息：经济实力、经营状况、精神面貌、管理水平等，直接影响到企业的综合竞争力。军装——最大的职业装，则影响到国家和军威的形象。职业装于国家、于社团、于个人都是一种社会符号和形象象征。公司统一制服可以起到树立企业形象、提高企业凝聚力、创造独特的企业文化、规范员工行为的四大基本作用。

图 7-55　男装制服系列设计 2

图 7-56　男装制服系列设计效果图

职业装设计的优劣是职业装品位和风格的关键。职业装的设计是一项系统工程，融艺术、实用、科学于一体，涉及方方面面，受各种因素的制约。关注、重视、研究、探讨职业装设计正成为商界、企业界、设计界等各行业的热门话题。

四、男装运动服系列时装设计案例

早期的运动装是为了有意识地区分运动队伍而设计的，衣服的颜色、色块、条纹以及徽章都是为了标示一个运动队的身份（图 7-57）。在弹性面料和防水面料出现以前，制作运动装的材料主要是棉和羊毛——它们可不是我们今天所称的“功能面料”。最初，只有球队和学校有他们自己的徽标，但是后来运动服生产商也逐渐开始设计他们自己的徽标。于是，在一件运动服上能够看到在队徽和饰章旁边还有运动装品牌的徽标。

图 7-57　早期便于区分运动队伍而设计的运动装

随着面料质量和生产技术的不断提高，各种新的面料和新的技术不断出现，包括人造纤维、弹性面料以及各种功能性面料，而包缝机和平缝机的出现使得服装更适宜运动，不但弹性好而且与皮肤的摩擦更小。这些技术及面料的革新也表明时尚在不断地发展。所有服装设计师都在寻求创新之道，而他们经常从运动装的更新换代中捕捉灵感。

1. 运动时装品牌 Alo Yoga

运动时装品牌 Alo Yoga 于 2007 年创立于洛杉矶，意在传播有意识的运动，同时激发人们的健康意识与创造力（图 7-58）。品牌的核心理念在于制作能够带来完美体验的瑜伽服饰与功能性单品。

Alo Yoga 门店除了卖服装之外，还配备专门的工作室，经常邀请瑜伽健身达人到工作室授课（图 7-59）。

图 7-58 运动时装品牌 Alo Yoga 的线下门店

图 7-59 Alo Yoga 品牌集门店与健身授课室于一体的体验空间

Alo Yoga 品牌男装系列包含健身系列和休闲系列（图 7-60）。款式简约大气，实穿性、搭配性高。产品风格舒适、现代、时尚，是如今欧美明星御用的健身服和休闲服。

Alo Yoga 的服装的特点是贴身舒适，兼具功能性和时尚外观，采用的高性能织物具有抗微生物和超强吸湿排汗功能，擅长利用拼接、褶皱、印花等设计修饰身材。

（a）休闲服

（b）健身服

图 7-60 Alo Yoga 运动休闲系列

2. 波兰运动设计师品牌 4F

4F 运动品牌成立于 2007 年，总部位于波兰南部小波兰省克拉科夫。4F 品牌提供运动装、旅游装和休闲时装，以及配件（图 7-61）。

4F 品牌原名为 4FUN，2007 年品牌更名为 4F Performance。自 2010 年起，公司开始采用 4F 名称。2008 年，4F 品牌正式开始与波兰奥林匹克委员会进行合作。从 2010 年

（a）极限运动装

（b）休闲时装

图 7-61 4F 品牌提供极限运动装、旅游装、休闲时装以及一些服饰配件

起，4F 品牌与六个国家奥林匹克委员会合作推出奥运国家队队服，这六个国家包括波兰、塞尔维亚、克罗地亚、拉脱维亚、希腊和北马其顿。2016 年，4F 公司在拉脱维亚、斯洛伐克、罗马尼亚和捷克开设第一家海外门店。2022 年北京奥运会，4F 品牌成为八个国家奥运队的赞助商。

2021 年 4F 与罗伯特・莱万多夫斯基（Robert Lewandowski）推出联名系列。此联名系列总体风格简约大气，满足多场合穿搭，面料大多采用科技面料（图 7-62）。

4F 在 2021 秋冬季的重点单品为拼接棉羽绒单品，可拆卸为其主要特点之一，该特点能够实现多种穿搭风格的效果。拼接的特点主要在于异质和异色的拼接（图 7-63）。

图 7-62　4F 与罗伯特・莱万多夫斯基推出的联名系列

（a）拼接外套

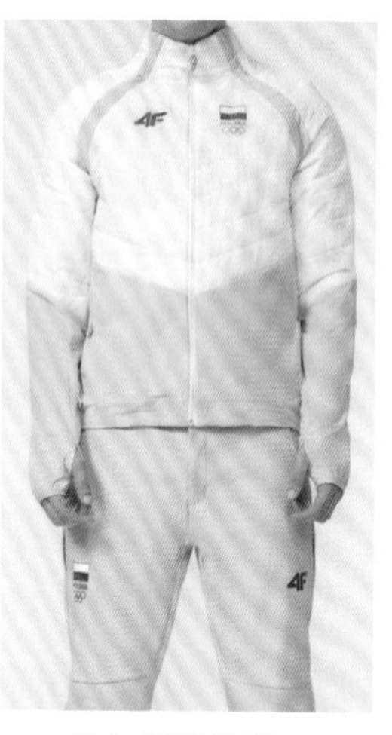

（b）拼接外套

图 7-63　4F 品牌 2021 秋冬拼接可拆卸羽绒服单品

3.FILA 运动品牌系列设计案例

斐乐（FILA）与洛克山达（Roksanda）合作于伦敦时装周发布 2022 年秋冬系列，洛克山达・埃琳西克（Roksanda Ilincic）从现代艺术与建筑中汲取灵感，以独到廓形设计带来了出彩的服装设计（图 7-64）。该系列将斐乐的运动感融入洛克山达丰富跳跃的色彩之中，成为点亮冬日沉闷的最优组合。

斐乐 2022 年推出 Originale 系列，小清新色调演绎复古学院风，用缤纷色彩迎接春日的到来（图 7-65）。

斐乐潮牌（FILA FUSION）与白山品牌（White Mountaineering）数次合作后推出又一新联名系列，白山品牌标志性的机能风与斐乐潮牌标志性的潮流元素巧妙融合，打破了都市休闲与户外运动风格的边界。品牌设计师将设计、实用、技术三个方面运用想象力完美结合。本次联名更加注重图案、配色以及剪裁上设计，以实用主义结合复古美学，并将面料甄选、廓形结构打造以及科技性能作为设计核心，重新定义了前卫的穿搭新风潮（图 7-66）。

（a）廓形设计

（b）色彩搭配

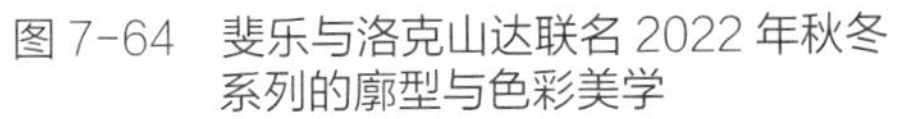

图 7-64　斐乐与洛克山达联名 2022 年秋冬系列的廓型与色彩美学

图 7-65　斐乐 2022 年 Originale 系列复古学院风设计

（a）拼接

（b）印花

图 7-66　2022 春夏系列莫兰迪绿的前卫山系男装设计

2022 年斐乐与梵高博物馆合作推出首个联名系列，将荷兰殿堂级著名画家梵高多个著名画作添加在不同服装上，以名画融合 FILA 意式高端运动基因，带领全新艺术时尚潮流（图 7-67）。该系列保留斐乐一贯时尚运动风格，采用超大版型，同时巧妙运用梵高的标志性画作，渗透在一系列服装单品上，如以立体油画图案配以精致刺绣工艺，或将仿油画的笔触印在服装上，还有梵高签名“Vincent”的刺绣，在细节上尽显心思，奢华精美。梵高的画作亦为服装增添层次感，轻易搭配不同造型，展现优雅美学。

2022 年斐乐潮牌与索菲亚・波多拉（Sofia Pratera）主理的无性别主义先锋街头品牌白羊座（ARIES）合作推出联名系列（图 7-68）。该系列从古希腊神话中汲取灵感，以黑金为基调。还在设计中融入了航海元素，比如航海代码、信号旗等元素，向 1996 年伊万尼・索尼迪（Giovanni Soldini）创作的经典斐乐帆船夹克致敬。黑白扎染印花，让人联想到古希腊大理石；整体色调融入黑色、浓重的金色及奶油色，撑起了极具辨识度的视觉效果。

斐乐潮牌在 2022 年春季推出街头运动风（Street Sport）系列，将运动时尚风潮带入校园（图 7-69）。校园风搭配、系列大玩城市、反光元素、机能风和荧光色调，带有反光物料的超大外套、印满城市景象的 T 恤，以及机能风多口袋运动裤等单品，塑造时尚校园机能风形象。

图 7-67　斐乐与梵高博物馆合作推出首个联名系列

（a）航海元素的帽子

（b）黑色与金色的搭配设计

图 7-68　从古希腊神话中汲取灵感的联名系列

（a）印花外套　（b）机能风设计

图 7-69　斐乐潮牌在 2022 年春季推出的运动时尚 Street Sport 系列

Falling in Love Again 系列是为了庆祝斐乐创立 110 周年而推出的“以爱之名”系列产品。该系列的服饰单品反映出斐乐成立以来的历史风格。经典复古的红、藏青配色和经典单品、元素都在述说着斐乐底蕴深厚的历史（图 7-70）。总体风格复古又时尚大气，散发动感活力和成熟魅力。

图 7-70　庆祝斐乐创立 110 周年的 Falling in Love Again 系列设计

4. 城市漫游系列运动装设计案例

数字传播繁盛的时代，循规蹈矩的生活不再满足当代人的需求，城市生活的人们开始不再局限于此，在各个领域，角色中来回切换，运动与时尚也在不断突破其单一用途的属性，满足消费者对身份，场景的多种需求。本系列设计主题以城市生活为背景，诠释了都市人运动街头，周末休闲多场景的生活方式，顺应了消费者对多场景混搭当季产品的追求，同时，也诠释了运动而时尚的态度（图 7-71）。

（a）连体裤设计　（b）外套设计　（c）夹克设计

（d）羽绒服设计　（e）长外套设计　（f）坎肩设计

图 7-71　城市漫游运动系列设计成衣案例（作者：杨妍）

这个系列设计的主题是倡导人们在周末放松身心，开启勿扰模式来一场说走就走的城市旅行。整组色彩采用黄色调，演绎活力多彩的运动装色彩，在轻松明快风格的调色板中，雀跃黄和燕麦卡其等色彩相映衬，极具视觉冲击力。整个系列采用个性混搭的方式诠释了不同的运动时尚。

参考文献

[1] 李正 . 服装学概论 [M]. 北京：中国纺织出版社，2007

[2] 刘瑞璞，常卫民 .TPO 品牌男装设计与制版 [M]. 北京：化学工业出版社，2015.

[3] 约翰・霍普金斯 . 时装设计元素・男装设计 [M]. 张艾莉，赵阳，译 . 北京：中国纺织出版社，2018.

[4] 许才国，刘晓刚 . 男装设计 [M]. 上海：东华大学出版社，2015.

[5] 罗伯特・利奇 . 男装设计：灵感・调研・应用 [M]. 赵阳，郭平建，译 . 北京：中国纺织出版社，2017.

[6] 王兴伟 . 男装设计表达与实例 [M]. 北京：化学工业出版社，2020.

[7] 陈桂林 . 经典流行男装设计 [M]. 北京：化学工业出版社，2016.

[8] 燕萍，刘欢 . 男装设计 [M]. 石家庄：河北美术出版社，2009.

[9] 朱达辉 . 男装设计表现技法 [M]. 上海：东华大学出版社，2011.

[10] 李兴刚 . 男装设计与搭配 [M]. 上海：上海科学普及出版社，2000.

[11] 张文斌 . 服装结构设计 男装篇 [M]. 北京：中国纺织出版社，2017.

[12] 苏永刚 . 男装成衣设计 [M]. 重庆：重庆大学出版社，2009.

[13] 葛瑞・克肖 . 英国经典男装样板设计 [M]. 郭新梅，译 . 北京：中国纺织出版社，2017.